W0384456

DIE VÖGEL EUROPAS VON JOHN GOULD

DIE VÖGEL EUROPAS

JOHN GOULD

Francis ROUX

BIBLIOTHÈQUE DE L'IMAGE

Danksagung

Das Bildmaterial dieses Buches ist eine Auswahl der insgesamt 367 Drucke von John Goulds *The Birds of Great Britain.* Verwandt wurde das Exemplar in der Bibliothek des Natural History Museum in London. Autor und Herausgeber danken Ann Datta, Lodvina Mascarenhas und Vicky Street, von denen sie bei dieser Aufgabe tatkräftig unterstützt wurden.

Alle Rechte vorbehalten.

© 2000, Bibliothèque de l'Image
46 bis, passage Jouffroy
75009 Paris

Übersetzung: Werner Homolka für text•, München
Satz und Redaktion: text•, München

ISBN: 2-914239-02-5

Bildnachweis: NATURAL HISTORY MUSEUM, London.

Vorwort

Das 19. Jahrhundert war unbestreitbar das goldene Zeitalter der Naturgeschichtsforschung. Zwar hatte sie bereits im vorhergehenden Jahrhundert große Fortschritte erzielt, doch erst jetzt beginnt die Epoche der Weltumsegelungen und der Erkundung völlig unbekannter Regionen.

An der Seite von Seefahrern und Entdeckern sieht man von nun an Naturforscher und Maler, deren Aufgabe darin besteht, die vorgefundene Flora und Fauna naturgetreu abzubilden.

Die meisten Pflanzen und Tiere sind neu für die Wissenschaft. Denn die wenigen Kenntnisse, die die Gelehrten haben, verdanken sie unvollständigen Herbarien und gesammelten Einzelstücken, die ihnen korrespondierende Mitglieder wissenschaftlicher Gesellschaften gelegentlich schicken. Sie erahnen zwar den Reichtum und die Vielfalt der exotischen Pflanzen- und Tierwelt, doch ihr wirkliches Ausmaß können sie nicht bestimmen.

John Gould.

Jetzt aber ziehen Expeditionen durch die weite Welt, die eigens ausgerüstet sind, um Kontinente und Inseln mit den dort heimischen Pflanzen und Tieren zu erforschen. In Europas Museen wachsen umfangreiche Sammlungen heran. Botaniker und Zoologen sind mit Begeisterung dabei, sie zu identifizieren und zu beschreiben, zu klassifizieren und zu benennen. Ihre Berichte fixieren oftmals, was Naturforscher vor Ort beobachten. Ohne Übertreibung läßt sich sagen: Es ist die Geburtsstunde der Ökologie und der modernen Verhaltensforschung.

Die Zahl der Spezies, die im Lauf des 19. Jahrhunderts zum ersten Mal beschrieben werden, ist schwindelerregend. Dennoch sind noch heute viele Arten – insbesondere Meeresbewohner und Insekten – wissenschaftlich nicht erfaßt. Doch bei den Vögeln war der Kern der Arbeit getan, auch wenn man bis in die Gegenwart neue Spezies beschrieben hat.

Den Briten fiel bei der Erkundung der Vogelwelt eine Schlüsselrolle zu, da sie einen ausgeprägten Sinn für Naturbeobachtung haben. Hinzu kam ihre Entdeckungslust und ihr Hang zum Abenteuer. Nachdem sie große Teile der Welt unter ihre Herrschaft gebracht hatten, waren sie bereit, die wesentlichen Elemente einer noch unerforschten Natur kennenzulernen. Vor allem die Vögel weckten ihr Interesse. Es ist kein Zufall, daß der Satz „Everybody is born with a bird in his heart" von einem Engländer stammt. In den britischen Museen entstanden unzählige Vogelsammlungen. Viele Ornithologen, die meisten hochqualifiziert, untersuchten sie. Zwar waren auch andere Nationen in der Domäne aktiv, doch wer zur Systematik und bald zur Biologie der Vögel Studien betreiben wollte, der ging nach England und dort vor allem nach London, das mit dem British Museum (Natural History) im 19. Jahrhundert zum Mekka der Ornithologie aufstieg und es zum guten Teil bis heute geblieben ist.

Manche der Vogelgelehrten waren auch Tierporträtisten, deren künstlerisches Können in nichts ihren wissenschaftlichen Fähigkeiten nachstand. So auch John Gould, den man als den bedeutendsten in ihren

Reihen betrachten darf. Sein Leben verlief höchst ungewöhnlich.

John Gould wurde am 14. September 1804 in Lyme Regis im Süden Englands geboren und verbrachte seine Kindheit bei Guildford in Surrey. 1818 erhält sein Vater einen Posten in den Königlichen Gärten von Windsor. Mit Hilfe eines Vorgesetzten seines Vaters lernt John das Metier des Gärtners. Gould interessiert sich bereits leidenschaftlich für Vögel, gibt aber die Gärten nicht auf. Er geht nach Ripley Castle in Yorkshire, wo er sich in den schwierigen Techniken der Treibhausaufzucht tropischer Pflanzen unterrichten läßt. Doch seine Fähigkeiten als Ornithologe und Tierpräparator sprechen sich bis nach London herum, wo die Zoological Society gegründet wurde. Sie sucht eine kompetente Kraft, die ihre Vogelsammlung pflegen und vergrößern soll. 1829 heiratet er Elizabeth Coxen, Tochter eines Kapitäns. Diese bemerkenswerte Frau, eine hochbegabte Künstlerin, ist ihm eine große Stütze, so daß wenige Monate nach der Hochzeit seine erste wissenschaftliche Arbeit erscheint.

Gelegenheit und Zufall bestimmen häufig das Schicksal eines Wissenschaftlers. Nicht anders bei John Gould. Eines Tages bietet man ihm eine Sammlung von Vögeln aus dem Himalaja an, die zu dieser Zeit wenig oder überhaupt nicht bekannt sind. Er beschließt, ein mit Drucken illustriertes Buch darüber zu veröffentlichen. Da er sich nicht kompetent genug fühlt, die Vögel selbst zu untersuchen, überläßt er diese Aufgabe dem berühmten Ornithologen N.A. Vigors. Seine Frau übernimmt zu einem großen Teil die Ausführung der Drucke.

Man erkennt bereits Goulds typische Arbeitsweise, die er das ganze Leben beibehalten wird. Er umgibt sich mit kompetenten Kräften, formt ein Team, dessen Motor er ist, ein Orchester, das er wie ein Dirigent leitet.

So entsteht *A century of Birds hitherto unfigured from the Himalaya Mountains,* das von 1831 bis 1832 erscheint und 80 Drucke im Format Folio imperial (56 auf 40 cm) enthält. Sie sind im Steindruckverfahren hergestellt, das Aloys Senefelder Ende des 18. Jahrhunderts entdeckte. Bei dieser Technik benutzt man einen feinkörnigen Kalkstein aus Solnhofen in Bayern. (An diesem Ort wurde auch der berühmte Archäopteryx entdeckt, den man lange für den Urahn der heutigen Vögel hielt.) Die Lithographie hatte gegenüber den anderen damals verfügbaren Druckverfahren unbestreitbare Vorteile. Sie ist exakt in der Wiedergabe, und die Halbtöne und Farbabstufungen, die sie zuläßt, geben dem Druck eine besondere Zartheit und Modellierung, die auch der abschließenden Kolorierung zu Gute kommen.

Eine weitere Besonderheit war, daß John Gould das Werk selbst verlegte und in eigener Person dafür Subskribenten anwarb, die den gesamten Herstellungsprozeß begleiteten. Bei seinen Monographien wird er auf dieselbe Weise verfahren. Er war ein cleverer Geschäftsmann und jedes seiner Bücher ein finanzieller Erfolg. Dank seinem Realitätssinn und unternehmerischen Geist kann er die Ämter bei der Zoological Society niederlegen und sich als Autor, Illustrator und Verleger etablieren. Die Publikationen über die Tukane, die Trogons, die Kolibris und die Feldhühner Amerikas zählen zu seinen bedeutendsten Werken.

Anders als Jean-Jacques Audubon, der sich als einen „Mann der Wälder" sah, war John Gould im Labor und Atelier zu Hause. Als sich zwei Brüder seiner Frau in Australien aufhalten, nutzt er dennoch die Gelegenheit, den Fünften Kontinent zu besuchen. Aus seinen Reisen dorthin entsteht *Birds of Australia,* das sieben Bände und sechshundert Drucke umfaßt. Die Fauna Australiens reizt ihn so sehr, daß er sich zum einzigen Mal in einer Monographie Säugetieren widmet, vor allem den Beuteltieren, den berühmtesten Vertretern der australischen Tierwelt. Nach diesen ersten Erfahrungen folgt die Veröffentlichung ähnlicher Werke über die Vögel Asiens und Neuguineas.

Seine unermüdlichen Aktivitäten und die Erfolge seiner Monographien bereiten Gould viel Freude. Er ist wohl ein glücklicher Mensch, als ihn 1841 ein Schicksalsschlag trifft. Nach zwölf Jahren Ehe stirbt seine Frau Elizabeth, die nur siebenunddreißig Jahre alt wird.

John Goulds Begabungen zogen die Aufmerksamkeit der wissenschaftlichen Welt auf sich. Der Autodidakt verkehrte mit den bedeutendsten Gelehrten seiner Zeit. R.B. Sharpe sei erwähnt, ein Ornithologe von Weltruf, und der große Charles Darwin. Dieser hielt so große Stücke auf Gould, daß er ihn für den Bericht über die Reise der *Beagle* das Kapitel Vögel redigieren und illustrieren ließ. Gould widmete sich vor allem den Finken der Galapagosinseln, die man Darwinfinken nennt, von denen viele Arten von ihm beschrieben und wissenschaftlich benannt wurden. Goulds Bekanntheit brachte ihm die Ehrenmitgliedschaft in vielen gelehrten Gesellschaften ein. 1843 nimmt ihn die Royal Society auf, die prestigeträchtigste Institution des Vereinigten Königreichs – welch glänzende Karriere für einen ehemaligen Gärtnergehilfen!

Sprechen wir von Goulds Hauptwerk. Von 1832 bis 1837 hatte er eine Monographie über die Vögel Europas veröffentlicht. Diese Arbeit nimmt er wieder auf und publiziert zwischen 1862 und 1873 *Birds of Great Britain*. Er sichert sich dazu die Mitarbeit von Joseph Wolf. Der deutsche Künstler hatte in sehr jungen Jahren als Illustrator bedeutender vogelkundlicher Werke auf sich aufmerksam gemacht. Er ist nicht nur ein echter Vogelspezialist, sondern auch ein Virtuose der Komposition, der Darstellung des arttypischen Habitus, des Lebensraums der Vögel und des Gefieders mit all seinen Farben.

Der zweite Künstler ist Henry Constantine Richter. Er überträgt seit dem Tod Elizabeths die Entwürfe Goulds auf Stein. Gegen Ende der Arbeiten stößt noch William Hart zu der Mannschaft. Jeder der 367 Drucke wird in 400 Exemplaren aufgelegt, und jeder Abzug von Hand mit Wasserfarben koloriert. Gould prüft sie alle, bevor er sie an die Subskribenten ausliefert. Man stelle sich vor: 147.000 Aquarelle! Ihre Texte sind voll von wissenschaftlichen Informationen über die Biologie der Vögel, ihre Verhaltensweisen, die Größe ihrer Populationen, ihre Züge, über die Abfolge der Gefieder mit den Variationen je nach Geschlecht und Herkunft. Der Beitrag zur Kenntnis der Verhaltensweisen und der Ökologie der britischen Vögel ist beachtlich. Ihren Wert erhält die Monographie aber vor allem durch die Drucke, unter denen viele echte Meisterwerke zu finden sind. Mit *Birds of Great Britain* erreicht die Kunst des Tierporträts einen Höhepunkt.

Es ist müßig, Jean-Jacques Audubon mit Gould vergleichen zu wollen. Ich bewundere Audubon sehr, doch sein Verständnis von Tiermalerei, seine Druck- und Vervielfältigungstechniken waren völlig andere. Offensichtlich wird jedoch, welche Entwicklung die Kunst in den drei Jahrzehnten durchlief, die diese zwei Ornithologen und Tiermaler – beide Meister ihres Genres – voneinander trennen.

Als John Gould am 3. Februar 1881 in London starb, hinterließ er ein gewaltiges Œuvre: zehn große Monographien, die mit etwa 3.000 Drucken illustriert sind! Jeder einzelne ist bewundernswert, viele zeigen die Tiermalerei in ihrer höchsten Vollendung. Trotz der Qualität heutiger Werke glaube ich nicht, daß es jemals möglich sein wird, sie zu übertreffen. John Gould steht für das goldene Zeitalter des Vogelporträts.

Das vorliegende Buch präsentiert eine Auswahl sorgfältig reproduzierter Drucke der *Birds of Great Britain*. Die Texte stammen von Francis Roux, der wie kein anderer mit der Welt der Vögel vertraut ist. Sie enthalten alles, was ein gebildeter Mensch über die dargestellten Spezies wissen sollte. Wir danken ihm dafür, daß er diese Seiten für uns geschrieben hat.

Unser Dank geht auch an die Éditions Bibliothèque de l'Image für die Realisierung dieses wunderbaren Buches, das den Leser mit einem englischen Ornithologen und Maler bekannt macht, der zu den größten aller Zeiten gehört.

Jean DORST, vom *Institut*

VORBEMERKUNG

Die für dieses Buch reproduzierten Lithographien gehören nicht zu den 448 Drucken von John Goulds *The Birds of Europe,* das von 1832 bis 1837 in fünf Bänden veröffentlicht wurde. Sie stammen aus dem von 1862 bis 1873 erschienenen, fünfbändigen *The Birds of Great Britain,* das als Höhepunkt in Goulds Schaffen gilt. Sein Stil ist hier reifer: Die einzelnen Spezies werden in natürlichen Posen, ihren verschiedenen Federkleidern und oftmals als Paar mit Eiern und Jungen gezeigt. Sie sind in Elemente eingebettet, die ihrem Lebensraum oder einer typischen Landschaft ihres Habitats entnommen sind. Das Werk tritt damit in die Fußstapfen Audubons, der eine solche Darstellung dreißig Jahre zuvor als erster in *The Birds of America* verwirklicht hatte.

Etwa 80 europäische Vogelarten fehlen in *The Birds of Great Britain,* sei es, daß sie in Großbritannien nicht vorkommen oder zur Zeit Goulds dort nicht auftraten, darunter mehrere französische Brutvögel wie der Bartgeier, der Schlangenadler, der Rosaflamingo, das Haselhuhn, die Samtkopf-Grasmücke oder der Augenbrauensperling. Wenn sie unter den 140 Drucken der vorliegenden Sammlung nicht präsent sind, so ist dies also nicht durch die Auswahl bedingt.

Bei ihr bevorzugte man repräsentative Vertreter der französischen Vogelfauna, egal ob Brut- oder Zugvogel, wobei für jede Familie oder Artengruppe unter den besten Lithographien ein typisches Beispiel ausgewählt wurde. Die Reihenfolge der Darstellung entspricht dem Originalwerk. Sie ist an die Konzepte dieser Zeit gebunden und unterscheidet sich stark von der uns vertrauten Systematik moderner Ornithologiebücher wie dem *Guide des oiseaux d'Europe,* auch kurz „Der Peterson“ genannt. Am Buchende befindet sich ein alphabetisches Register der gemeinsprachlichen Vogelbezeichnungen. So kann der Leser eine gesuchte Spezies schnell finden.

Der Steinadler

Aquila chrysaetos

Keinem Vogel kommt in der abendländischen Kultur ein höherer Symbolwert zu als dem Adler. Er gilt als Gesandter der Himmelsmächte und spielt auch in der Heraldik eine zentrale Rolle. Dabei gibt es in Europa größere Greifvögel. Doch als Jäger ist er unerreicht. Keiner vermag wie er eine 2 bis 4 kg schwere Beute – nahezu sein Körpergewicht – zu überwältigen und in die Lüfte davonzutragen.

In den Alpen sind in der warmen Jahreszeit Murmeltiere sein liebstes Wild, während er sich im Winter an Hasen und Schneehühner hält. Die Szenerie des Druckes ist in Schottland angesiedelt, als Beutetier ist ein Schneehase abgebildet. Im Hintergrund erkennt man den Horst mit zwei Küken im Dunenkleid. Dieses Bild aus dem Jahr 1863 stammt von dem Deutschen Joseph Wolf, einer von John Goulds Mitarbeitern.

Ein Adlerpaar bleibt ein Leben lang zusammen. Es zieht im Jahr nur ein oder zwei Junge groß, die erst nach dem vierten Lebensjahr fortpflanzungsfähig sind. Dieser niedrigen Fruchtbarkeit steht ein hohes Lebensalter gegenüber: So können Adler in Gefangenschaft vierzig Jahre und älter werden.

Durch jahrhundertelange Verfolgung hatte die Spezies einen starken Rückgang zu verzeichnen. Glücklicherweise wurde sie unter Naturschutz gestellt. Die europäische Population schätzt man auf 5.000 bis 7.200 Paare, die hauptsächlich auf Spanien und Skandinavien verteilt sind. Im deutschsprachigen Raum ist die Brutpopulation von mehreren hundert Paaren auf die Alpen konzentriert, umherziehenden Vögeln, vor allem immaturen, kann man auch im Flachland begegnen. Nachdem um die Jahrhundertwende das alpine Vorkommen des Steinadlers einen Tiefstand erreicht hatte, sind heute die meisten der damals verwaisten Reviere dank strenger Schutzbemühungen wieder besetzt.

Der Fischadler

Pandion haliaetus

Plinius vergleicht den sagenhaften athenischen König Pandion mit dem *Haliaetus,* dem Fischadler, der, „wenn er im Meer einen Fisch entdeckt, im Sturzflug darauf niedergeht und ihn mit sich davonträgt."

Die Spezialisierung des Raubvogels auf den Fischfang hat im Laufe der Jahrtausende eine Reihe von Anpassungen bewirkt. Die auffälligste zeigt der Druck. Der Vogel hat mächtige Beine mit kurzen, aber kräftigen Zehen und langen, stark gekrümmten Krallen. Andere Details sind weniger offensichtlich. So bedecken stachlige Schuppen die Fußsohle, an beiden Fängen ist die äußere Zehe einziehbar, was ein symmetrisches Greifen der Beute ermöglicht, und die Nasenlöcher können beim Tauchen verschlossen werden.

Der Fischadler ist Kosmopolit und mit Ausnahme der Antarktis auf allen Kontinenten zu Hause. Einst war er über ganz Europa verbreitet, verschwand dann aber aus dem Westen und Süden, wo ihn die Fischer hartnäckig verfolgt hatten. Rußland und nordische Länder wie Schweden oder Finnland beherbergen heute den Kern des fortpflanzungsfähigen Bestands. Als der Fischadler 1954 nach Schottland zurückkehrte, kamen 100.000 Besucher, um ihn zu sehen. In Österreich, der Schweiz und im Großteil Deutschlands ist der Fischadler Anfang dieses Jahrhunderts als Brutvogel ausgerottet worden. In Nordostdeutschland überlebte er am Tief seines Bestandes Mitte dieses Jahrhunderts mit weniger als 100 Brutpaaren. Neuerdings gibt es im Norden Ostdeutschlands wieder über 200 Brutpaare, und Wiederbesiedlungen in Niedersachsen, Sachsen-Anhalt, Thüringen und Bayern stehen für das Ende einer unsinnigen Ächtung von Raubvögeln und markieren eine neue Ära, in der Mensch und Natur zu einem friedlichen Miteinander finden können.

Der Mäusebussard

Buteo buteo

Der Mäusebussard zeichnet sich durch große Variabilität im Federkleid aus, das eine mehr oder weniger dunkle oder gescheckte Färbung zeigen kann. In Europa gehört er zu den weitverbreitetsten Greifvögeln und ist zusammen mit dem Turmfalken die häufigste Greifvogelart in Mitteleuropa. Das Weibchen, das über einen kräftigeren Körperbau verfügt als das Männchen, erreicht bei einem Gewicht von über einem Kilogramm 1,40 m Flügelspannweite.

Diese tagaktiven Greifvögel sind überall in Mitteleuropa zuhause. Lediglich wald- und baumarme Gebiete wie die Inseln des Wattenmeeres sind kaum besiedelt. Typisch für Mäusebussarde ist das Lauern auf Beute von einer Warte wie etwa einem Zweig oder Telefonmast aus. Von dort aus schwingt sich das Tier hinab zu dem am Boden erspähten Opfer. Im allgemeinen handelt es sich um kleine Nager, eine Feld- oder Schermaus, die Hauptnahrung der Bussarde. Aber es kann auch vorkommen, daß der Vogel – zum Verdruß der Jäger – einen jungen Hasen schlägt. Doch genau aus diesem Grunde werden immer noch Ausnahmegenehmigungen für Abschüsse von Mäusebussarden ausgestellt werden, obwohl die Art seit den 70er Jahren unter Schutz steht.

Wenn man einen Bussard schwerfällig von einem Ansitz zum andern wechseln sieht, will man nicht glauben, daß er zu einem prächtigen Gleitflug imstande ist. Während der Balzflüge schweben Weibchen und Männchen stundenlang in gleicher Höhe und beschreiben, Sichtkontakt haltend, verschlungene Kreise. Dann und wann verkünstelt sich einer der beiden auf dem Höhepunkt des Liebesrausches in akrobatischen Sturzflügen, mit denen Schwung für ein kerzengerades Aufsteigen in den Himmel geholt wird. Das Maunzen, das diese Aktion begleitet, hallt wie Freudenrufe wider.

Der Habicht

Accipiter gentilis

Wer einen Habicht beobachten will, ist selbst bei systematischer Suche auf den Zufall angewiesen, denn es gibt in Europa keinen scheueren und verborgener lebenden Raubvogel. Er zeigt sich nicht, sondern lebt versteckt in deckungsreichen Waldrandzonen, wo er als Überraschungsjäger auf seine Beute lauert. Wer einer solchen Jagd beiwohnt, ist tief beeindruckt von der blitzartigen Aktion des Tieres. Zunächst hört man das Schlagen von Flügeln im Geäst, es folgt ein wirres Gemenge, und im Tiefflug entfernt sich eine beschwerte Silhouette, während ein paar Federn zu Boden trudeln.

Der Habicht ist fast flächendeckend in Mitteleuropa verbreitet und hat einen Gesamtbestand von 24–30.000 Brutpaaren, im Durchschnitt nicht mehr als ein Paar pro 500 bis 1.000 ha Wald. Nur in ganz optimalen Biotopen wird eine Siedlungsdichte von 3 Paaren pro 1.000 ha Wald angetroffen, so zum Beispiel in manchen der außeralpinen Waldgebiete Bayerns.

Am Winterende, während der Balzflüge kann man den Habicht am leichtesten beobachten: Die breiten, stumpfen Flügel, die Zebrastreifung der Körperunterseite, der lange, gebänderte Schwanz mit den plusternden Federn der Unterschwanzdecken sind seine Erkennungsmerkmale. Doch Vorsicht: Er ist leicht mit dem etwas kleineren bis nur halb so großen Sperber zu verwechseln.

Der Habicht macht vor allem Jagd auf Vögel. Den Kern seiner Nahrung bilden Tauben, Hähere, Krähen und Stare, Arten also, die in großer Zahl vorhanden sind. Gelegentlich bereichert er seine Speisekarte mit einem Eichhörnchen, seltener mit einem Kaninchen oder jungen Hasen.

Rechts auf dem Bild sieht man ein ausgewachsenes Weibchen, links ein Jungtier im ersten Lebensjahr.

Der Sperber

Accipiter nisus

Der Sperber ist einer der geschicktesten Vogeljäger, doch liebt er das Zwielicht und agiert in der Deckung, so daß man ihn selten in Aktion sieht. Seine Jagdtechnik ist eine Kombination aus Überraschungseffekt und schneller Attacke. Hat der Vogel an einer Hecke ein Opfer aufgescheucht, stürzt er darauf zu, treibt es bis zur Erschöpfung in hektischem Zickzack-Flug vor sich her, packt es mit seinen Fängen – er schlägt die Beute, wie die Falkner sagen – und schließt es in die tödliche Umarmung seiner kräftigen Zehen, deren Daumenkrallen als Dolche fungieren. Anschließend wird die Beute gerupft und der Brustkasten geöffnet. Die Innereien werden herausgeholt und verzehrt. Stört man den Sperber bei dieser Tätigkeit, gibt er die Beute auf, und man kann neben ihr – wie mit einem Skalpell in Stücke geschnitten – die Eingeweide liegen sehen. Im allgemeinen ernährt er sich von Singvögeln, vor allem von Spatzen. Seitdem die Türkentaube in unseren Landen heimisch ist, zollt auch sie ihm Tribut – zumindest dem Sperberweibchen, das größer ist als das Männchen und sich dieser fetten Beute bemächtigen kann.

In der Landwirtschaft benutzte Biozide und deren negative Nebeneffekte auf Reproduktion und Mortalität ließen Mitte dieses Jahrhunderts die Sperberpopulation Mitteleuropas deutlich schrumpfen. Mittlerweilen haben sich die Bestände durch das Verbot der gefährlichsten dieser Gifte wieder erholt. Die neuen Gefahren für die 29 – 40.000 Brutpaare Mitteleuropas drohen allerdings wieder von der Landwirtschaft, deren Umstrukturierung und Flurbereinigung Habitatverluste nach sich ziehen.

Auf der rechten Seite des Drucks sieht man ein Sperbermännchen mit gebänderter Unterseite. Im Hintergrund ist ein Weibchen bei der Jagd auf Spatzen abgebildet.

Der Wespenbussard

Pernis apivorus

Der Wespenbussard ist ein Greifvogel besonderer Art. Er hat die Größe und das Aussehen eines Mäusebussards, ohne mit ihm näher verwandt zu sein, und ernährt sich von Insekten, vor allem von Wespen und ihrer Brut. Seine Ähnlichkeit mit dem Mäusebussard ist so groß, daß selbst gute Vogelbeobachter getäuscht werden können. Dennoch gibt es einige Unterscheidungsmerkmale. So ist die Silhouette des Wespenbussards im Flug schlanker, sein Schwanz länger und dunkel gebändert. Der Kopf ist kleiner und der Hals freier, die Iris hell. Ein paar weitere, noch charakteristischere Details sind nur aus nächster Nähe zu erkennen: so die kleinen steifen Federn, die das ganze Gesicht bis zu den Schnabelwinkeln bedecken und einen wirksamen Schutz gegen Wespenstiche bilden, oder die stämmigen Beine mit den großen, stumpfen Krallen, die sich besser dazu eignen, die Erde aufzuwühlen, als eine Beute zu greifen.

Man nennt den Wespenbussard wissenschaftlich „Apivorus" – Bienenfresser –, doch rührt er Bienenstöcke nicht an und tut sich fast ausschließlich an Wespen- und Hummelkolonien gütlich. Auf dem Stich ist das Nest einer baumbewohnenden Wespenart abgebildet. Demgegenüber attackiert der Wespenbussard in Europa meistens Arten, die Bodennester anlegen. Seine nahrungsmäßige Spezialisierung auf die Brut der Hautflügler wird im Waldgürtel des tropischen Afrikas noch offenkundiger, wo dieser große Zugvogel die Winter verbringt.

Die Kornweihe

Circus cyaneus

„Zwischen Männchen und Weibchen der Weihen besteht in Größe und Färbung ein so großer Unterschied, daß man glauben könnte, es handele sich um verschiedene Spezies, wenn man nicht so zahlreiche Beweise für das Gegenteil hätte." Diese Feststellung stammt von Gould. Was die Kornweihe betrifft, so ist das männliche Alttier von fahlem Aschgrau, während Jungvogel und Weibchen ein braunes, auf der Körperunterseite fuchsrot gestreiftes Federkleid tragen, das dem anderer Greifvögel nicht unähnlich ist. Ein weißer Fleck am Steiß ist das einzige beiden Geschlechtern gemeinsame Merkmal. Er ist beim Weibchen, auf dem Druck im Flug abgebildet, gut sichtbar. Mit seinem schlanken Körper und dem langsamen, geschmeidigen Flügelschlag erinnert das Kornweihenmännchen an eine Möwe, wenn es sein Jagdrevier überfliegt. Der Vogel durchstreift es mit Bedacht in halb ruderndem, halb gleitendem Flug, der ihn dicht über den Boden trägt. Hat er eine Beute aufgespürt, schleudert er sich in einer jähen Drehbewegung zu Boden. Die Kornweihe ist ein Jäger von kleinen Nagern. Im Winter bilden Feldmäuse ihre Hauptnahrung, die sie während der warmen Jahreszeit mit am Boden überraschten Vögeln – vor allem Jungtieren, die noch nicht gut fliegen können – sowie Fröschen und Insekten bereichert. Offenes Gelände – Felder, Wiesen, Heide und Moore – sind ihr Lebensraum. Sie nistet auf dem Boden bevorzugt in Heidekraut, Stechginster und Getreidefeldern.

Der Wanderfalke

Falco peregrinus

Den Schnelligkeitsrekord im Tierreich hält mit mehr als 200 km/h der Wanderfalke. Allerdings erreicht er diese Geschwindigkeit nur im Sturzflug, wenn er mit angelegten, fast am Körper klebenden Flügeln wie eine Rakete auf seine Beute niederstößt. Die Fänge an die Brust gezogen, die Daumenkrallen nach vorn gerichtet, prallt er nahezu ungebremst gegen ihren Rücken. Durch den heftigen Aufprall wird die Beute zu Boden geschleudert und ist manchmal sofort tot. Der Druck zeigt als Beutetier eine Stockente.

Als Greif, der hoch in den Lüften zu Hause ist, hat sich der Wanderfalke auf die Vogeljagd am freien Himmel spezialisiert. Seine spektakulären Attacken, die Präzision seiner Manöver und seine Gelehrigkeit haben ihn vom Mittelalter bis heute zum Lieblingsvogel der Beizjagd gemacht. Doch ist auch der Wanderfalke nicht unfehlbar. Verfolgten Vögeln gelingt es oftmals dank unerwarteter Wendemanöver zu entwischen, indem sie den Boden erreichen oder sich ins Wasser fallen lassen.

Das Originalaquarell der Lithographie stammt von dem Künstler Joseph Wolf, der 1848 in London lebte und sich vor allem durch seine Raubvögeldarstellungen auszeichnete. Erst 20 Jahre alt, illustrierte er mit naturgroßen Abbildungen eine von Schlegel und Wulverhorst verfaßte *Abhandlung über die Falknerei.* Das in den Niederlanden veröffentlichte Werk verschaffte Wolf sogleich den Ruf, einer der größten europäischen Vogelmaler zu sein.

Der Baumfalke

Falco subbuteo

Der Baumfalke jagt Schwalben und Libellen, trägt die schwarze Maske des Wanderfalken und fliegt mit der schwerelosen Anmut der Mauersegler. Er zieht viel umher und bleibt nicht länger als drei Monate bei seinem Horst, gerade lange genug, um die Eier auszubrüten und die Jungen großzuziehen. Bereits Ende August verläßt er Europa wieder Richtung Tropen.

Wie viele andere Greifvögel kehrt auch das Baumfalkenpärchen jedes Jahr gerne zu seinem alten Nistplatz zurück, dem hohen Baum, der das als Plattform gestaltete Elstern- oder Krähennest trägt. Die Jungen lernen dort, die von den Alten herangebrachten Beutetiere zu zerlegen, und trainieren ihre Flügel. Jedes Eindringen eines Fremdlings in den Nistbereich wird mit schrillen *Gje-gje-gje*-Warnrufen angezeigt.

Der Baumfalke kommt zwar im deutschsprachigen Raum (Schweiz, Österreich und Deutschland) nicht selten, mit höchstens knapp über 2.000 Paaren allerdings auch nicht in großer Zahl vor. Spitzenwerte von Siedlungsdichten von neun Brutpaaren auf 68 km^2 sind nur in gewässer- und strukturreichen Gebieten wie den Donauauen unterhalb von Wien möglich. Das Bild zeigt ein männliches Tier mit einer Blaugrünen Mosaikjungfer als Beute.

Der Turmfalke

Falco tinnunculus

Von der Küste bis zum Hochgebirge auf 2.400 m trifft man diese Falkenart unter verschiedensten klimatischen Bedingungen an. Sogar mitten in den Städten fühlt sie sich zu Hause. Der Turmfalke ist der in Europa am weitesten verbreitete Greif. Er ist äußerst anpassungsfähig, aber auf offene Lebensräume mit beständiger Grasvegetation angewiesen, da nur sie ihm die Fülle kleiner Nager, Eidechsen und großer Insekten bieten, die er als Nahrung benötigt. In Gegenden mit großflächigen Anbaukulturen beginnt der Vogel daher mangels Beutetieren rar zu werden, während er sich in Gebieten mit Weide-, Heide- und Ödland stark vermehrt.

Ganz anders als der Sperber, der im Verborgenen lebt, stellt sich der Turmfalke zur Schau. Seine gängige Methode, das Jagdrevier zu observieren, besteht darin, im Rüttelflug an einem fixen Punkt in zehn oder zwanzig Meter Höhe in der Luft zu stehen, was dem Turmfalken im Volksmund auch den Namen „Rüttelfalke“ gab. Das Bild zeigt ein Turmfalkenpaar, das auf einer blühenden Föhre nistet. Einer der beiden Vögel ist im Rüttelflug abgebildet.

Der Rotmilan

Milvus milvus

Zwei Milanarten gibt es in Europa. Ihr gemeinsames Merkmal ist ein langer, beim Rotmilan stärker, beim Schwarzmilan schwächer gegabelter Schwanz. Ihre charakteristische Silhouette verdanken beide Arten auch den langen, winkeligen Flügeln, die ihnen einen gleitenden, geschmeidigen Flug verleihen. Der Rotmilan ist etwas größer als sein schwarzer Vetter, seine Gestalt schlanker und sein Gefieder stärker rotbraun gefärbt. Doch handelt es sich auch bei ihm um einen wenig aggressiven Greifvogel. Die mittelmäßig entwickelten Fänge verraten es: Milane jagen nicht, sie plündern. Die Vögel patroullieren über offenem Gelände, flachen Landschaften mit kleinen Waldstücken, Teichen und Flüssen, wo sie beständig mit nach Nahrung Ausschau halten. Ihre Spezialität ist der Segelflug, in dem sie wahre Meister sind. Fast ohne Flügelschlag können sie am Himmel durch Ausnutzung der Thermik bis außer Sichtweite aufsteigen.

Ihre Nahrung finden Milane am Boden. Sie kann aus totem oder überraschtem Kleingetier wie Schermäusen, Eidechsen und Fröschen bestehen. Auch Insekten, verendete Fische, und Abfälle gehören dazu.

Über zwei Drittel des europäischen Brutbestandes des Rotmilans entfallen auf Deutschland, weitere Verbreitungsschwerpunkte sind Frankreich und Spanien. In Großbritannien, dem Ursprungsland der Abbildung, gibt es nur einige Brutpaare in Wales und einige im Rahmen eines Wiedereinbürgerungsprogramms für Schottland und Südengland. Während in der Schweiz und Deutschland eine stabile bzw. wachsende Population besteht, ist der Rotmilan in anderen Ländern eine Seltenheit. Der Schwarzmilan hingegen, der in Nordwest-Europa fehlt, hat seinen mitteleuropäischen Populationsschwerpunkt mit über 1.000 Brutpaaren in der Schweiz.

Die Schleiereule

Tyto alba

„Dieser Nachtvogel versetzt mit seinem schauerlichen, im Flug ausgestoßenen Ruf furchtsame Menschen in Angst und Schrecken. Viele nennen ihn *Hexenvogel* und glauben, daß er Unglück bringe." Mit solchen Worten beschreibt ein Lexikon von 1775 die Schleiereule. Der Artikel fährt fort: „Augen und Kinn rahmt ein Kreis aus kleinen, weißen Federn ein, um die sich steifere gelbe Federn legen. Dieses Kollier bzw. diese Federkrause nimmt zu beiden Seiten der Nasenlöcher ihren Anfang und ähnelt dem Schleier, den manche Frauen tragen; die Augen liegen dadurch tief in Höhlen, die ringsherum von kleinen, aufgestellten Federn gebildet werden."

Heute weiß man, daß diese eigentümliche Maske, die allen nachtaktiven Greifvögeln gemeinsam, jedoch nur bei der Schleiereule herzförmig ausgebildet ist, eine stereoakustische Funktion hat und Schallwellen in Art und Weise eines Parabolspiegels bündelt. Die hochentwickelten Ohrmuscheln haben ihre Öffnung dicht bei den Augen, die auf schwachen Lichteinfall hundert Mal empfindlicher reagieren als das menschliche Sehorgan. Dank des perfekten Gehörs vermag die Schleiereule ihre Beute – meist kleine Nagetiere – auch in völliger Dunkelheit zu greifen.

In Mitteleuropa fehlt die Schleiereule nur in Berglagen über 1.000 m. Sie nutzt in der Regel Scheunen, Speicher, Taubenschläge und vor allem Kirchtürme als Unterschlupf. In Mitteleuropa nistet jedes vierte bis zweite Schleiereulenpaar in einer Kirche. Schleiereulen, die – wie auf dem Druck abgebildet – in Bäumen nisten sind nur in England und Wales öfters anzutreffen. Dort sind Schleiereulen, wenn sie durch Siedlungs- und Strukturarmut des Gebietes gezwungen werden, auf natürliche Neststandorte zurückzugreifen, noch eher in Felsen oder Erdabbrüchen zu finden.

Der Waldkauz

Strix aluco

Der Waldkauz ist ein ausgesprochen nachtaktiver Vogel. Wenn ihn nicht gerade Meisen entdecken und aus seinem dunklen Versteck treiben, bekommt man ihn bei Tag nur selten zu Gesicht. Zwanzig Minuten nach Sonnenuntergang läßt er seinen Ruf hören. Dem heulenden Tremolo des Männchens folgt die Anwort des Weibchens, mit dem es in einen Zwiegesang einstimmt, der selbst in den eisigen Januarnächten durch die Stille des Waldes hallt. Dieses Duett ist das Vorspiel zur Paarung, die sehr früh im Jahr stattfindet, so daß die Eier oftmals lange vor Winterende gelegt werden. Nach dreißig Tagen Brutzeit schlüpfen die Küken. Das Weibchen bleibt noch ungefähr zwölf weitere Tage bei ihnen im Nest, dann geht es wie das Männchen für die Brut auf Nahrungssuche. Etwa in der vierten Woche nach dem Schlüpfen erscheinen die Jungen am Eingang des Nestes, das sie wenig später, noch bevor sie flügge werden, verlassen. Trotzdem werden junge Waldkäuze erst mit vier Monaten selbständig.

Im deutschsprachigen Raum ist der Waldkauz der am weitesten verbreitete und häufigste nachtaktive Greifvogel und wird nur in waldarmen Gebieten oder in den montanen sowie subalpinen Regionen von der Waldohreule bzw. Sperlings- und Rauhfußkauz übertrumpft. Überall, wo es Baumbewuchs gibt, ist er anzutreffen – vor allem schätzt er große, dicht belaubte, von Efeu bewachsene Bäume. Er ist sogar bis in die Städte vorgedrungen und paßt sich diesem Lebensraum sehr gut an. So haben etwa in Wien, Berlin und Oldenburg mehrere Paare Unterschlupf in großen Parks gefunden und ernähren sich dort von Spatzen und Tauben.

Wolfs humorvolle Darstellung erhält durch das Augenzwinkern des im Hintergrund abgebildeten Vogels eine heitere Note.

Der Steinkauz *Athene noctua*

Im Unterschied zu anderen nachtaktiven Greifvögeln fühlt sich dieser kleine Kauz auch bei Licht wohl und kann zu jeder Tageszeit beobachtet werden. Jagdzüge unternimmt er am liebsten in der Morgen- und Abenddämmerung. Seine Beute sind Insekten und kleine Nager, aber auch Schnecken und Regenwürmer, die er mit dem Schnabel aus dem Boden zieht. Er nistet in Gebäudeöffnungen, Baum- und Felslöchern sowie in Bodenhöhlen. Da Hecken und alte hohle Bäume vielerorts der Landwirtschaft zum Opfer fielen, hat der Vogel sich neue Wohnräume erschlossen. Im Burgenland fand er ein neues Zuhause zwischen aufgestapelten Heuballen, in Deutschland erleichtern ihm röhrenartige Nisthilfen das Überleben, damit dessen geheimnisvoller Ruf *kuwitt,* „komm mit", der ihn früher als Totesboten brandmarkte, auch noch weiterhin an Frühlingsabenden zu hören ist.

Die Waldohreule *Asio otus*

Eulen haben dieselbe Gesichtsmaske wie Käuze, tragen aber abstehende Federn auf dem Scheitel. Diese Ohrbüschel verleihen ihnen eine märchenhafte Gestalt. Die Waldohreule ist ein nachtaktiver Vogel. Ihr Gesang besteht aus einem dumpfen *huh,* das wie ein Schluchzen klingt. Er ist ab Februar zu hören und verstummt vor der Brutzeit, so daß dann die Anwesenheit dieser Art kaum zu ermitteln ist. Im Sommer geben die Jungen eindeutige Hinweise, wenn sie am Abend ihr schrilles *szi* ertönen lassen. Einen Altvogel am Tag zu entdecken, ist aufgrund seiner guten Tarnung sehr schwierig. Waldohreulen brauchen Bäume, auf denen sie sich tagsüber verstecken und in alten Krähennestern ihre Brut großziehen können, aber auch offene Flächen für die Jagd. Sie bewohnen daher Regionen mit lichtem Baumbewuchs, wobei sie Nadelbäume bevorzugen.

Die Zwergohreule

Otus scops

Sommernächte im europäischen Süden entfalten erst dann ihren vollen Zauber, wenn ein ganz besonderer Ruf zu vernehmen ist. Er klingt wie *dju... dju* und besteht aus einer unermüdlich wiederholten Note, die in Abständen von drei Sekunden mal näher, mal ferner ertönt. Dieser flötensüße, leicht klagende Ton ist der Ruf der winzigen Zwergohreule.

Ihre wissenschaftliche Bezeichnung *Scops* geht auf die griechische Antike und Homer zurück. Der Vogel ist kaum 20 cm groß, hat die Figur einer Amsel, einen Kopf wie ein Kätzchen und zeigt wenig Scheu. Er hält sich in Gärten, Obstpflanzungen und altem Gemäuer auf. Tagsüber ist die Zwergohreule selten zu beobachten, da sie sich perfekt im Schatten dichten Laubs verbirgt, wo sie bis zur Abenddämmerung regungslos verharrt. Erst dann kann man sie mit ihrem charakteristischen raschem und geräuschlosem Flügelschlag bei vielen Richtungswechseln kreisen sehen.

Die Zwergohreule ist am Mittelmeer zu Hause und dringt nördlich nur bis in Gebiete vor, die im Juli mindestens ein Monatsmittel von 20° C erreichen. In Mitteleuropa brütet die Zwergohreule regelmäßig nur in den warmen Alpentälern und dem Pannonicum. Die Schweiz beherbergt im Wallis ihre letzten Brutpaare, Österreich besitzt kleine Restbestände in den mittleren Höhenlagen Kärntens, der Südoststeiermark und dem Südburgenland. Sporadische Bruten wurden unter anderem auch aus Böhmen, Bayern, Baden-Württemberg, dem Elsaß und Luxenburg gemeldet. Im Winter zieht sie ins tropische Afrika. Wie andere nachtaktive Greifvögel besitzt sie ein graues oder ein braunes Federkleid. Der Druck hat beide Morphen auf einem Eibenzweig vereint. Der Nachtfalter im Schnabel des einen Vogels zeigt seine Ernährungsgewohnheiten und veranschaulicht uns die relative Größe des Tieres.

Der Mauersegler

Apus apus

Wenn sich Anfang Mai der Mauersegler wieder in den Städten einfindet, wird er gerne mit einer Schwalbe verwechselt. Die Ähnlichkeit beider Vogelarten ist das Resultat konvergenter Anpassungen an identische Lebensweisen. Was das Leben in der Luft betrifft, ist der Mauersegler jedoch weiter entwickelt als die Schwalbe. Er hat nur während der Nistzeit Bodenkontakt, ansonsten gleitet er Tag und Nacht durch die Lüfte. In diesem Lebensraum ernährt er sich von winzigen Fluginsekten, die auch in großer Fülle über den Wäldern des Kongo zu finden sind, wo er die Winter verbringt. In Europa nistet er unter Dächern und in Mauerritzen. Mauersegler sammeln sogar das Nistmaterial im Flug – sie finden dort windverwehte Fasern, Samen oder Textil- und Papierfetzen. Diese Materialien werden mit Speichel zu einem Nest verklebt, das zwei weiße Eier aufnimmt.

Die Mehlschwalbe

Delichon urbica

Mehlschwalben, die an ihrem weißen Bürzel zu erkennen sind, benötigen wie Rauchschwalben zum Bau ihrer Nester vor allem eines: Lehm. Dutzendweise hängen die in Kolonien lebenden Vögel aus diesem Material gefertigte, becherartige Nester unter den Dachvorsprüngen der Häuser auf. Sie werden direkt unter dem Gesims angebracht, das als Deckel fungiert, während eine Öffnung am oberen Rand das Ein- und Ausfliegen ermöglicht. Die Jungtiere strecken die Köpfe hindurch, wenn sie auf das Füttern warten. Zwischen September und Oktober versammeln sich Rauch- und Mehlschwalben auf Dächern und Leitungsdrähten, wo sie sich vor ihrem Abflug nach Afrika in der Morgensonne wärmen. Sie müssen rechtzeitig losziehen, um einen Wettereinbruch zu vermeiden. So führte 1974 frühzeitiger Schneefall zum Tod von Zehntausenden von Schwalben.

Die Uferschwalbe

Riparia riparia

Dieser Druck von 1873, den William Hart zeichnete, ist einer der letzen, der für die *Birds of Great Britain* angefertigt wurde. Das Bild nimmt dort eine Sonderstellung ein, weil es als einziges die Art nicht großflächig abbildet, sondern eine Fülle von Vögeln präsentiert. Es zeigt Uferschwalben im Schilf, wo sie sich vor ihrem Herbstzug allabendlich versammeln.

Uferschwalben sind sehr gesellig. Sie nisten in Kolonien an abschüssigen Böschungen von Wasserläufen und Sandgruben. Gegen Ende des Sommers, wenn die Brutzeit abgeschlossen ist, fallen sie abends zu Hunderten ins Schilf ein, wo sie die Nacht verbringen. Bevor sie sich zur Ruhe begeben, kreisen sie in riesigen Schwärmen über ihrem Schlafplatz, den sich andere Arten wie die Mehlschwalbe oftmals mit ihnen teilen. Dieses Treiben wiederholt sich so lange, bis die Vögel nach Afrika aufbrechen. Bei ihrer Rückkehr im April sieht man die ersten Exemplare dicht über der Wasseroberfläche auf Teichen Mücken hinterherjagen. Dieses Verhalten war der Grund für die sich hartnäckig haltende Ansicht, daß die Vögel die kalte Jahreszeit wie Frösche in einer Winterstarre im Schlamm verbringen und deshalb zu dieser Zeit nicht zu sehen sind.

Aristoteles hatte als erster diese Theorie vertreten, die bis ins 19. Jahrhundert – mit Ausnahme von Belon und Buffon – von fast allen Zoologen übernommen wurde und selbst dreizehn Jahre nach Goulds Geburt noch Verfechter fand. Cuvier hielt sie 1817 immer noch aufrecht. Zur Klärung des Sachverhaltes versprach 1849 die Königliche Akademie von Schweden demjenigen eine Belohnung, der ihr unter Wasser eingefangene Schwalben bringen würde. Nachdem sieben Jahre vergangen waren, ohne daß man ein Exemplar erhalten hatte, teilte die Akademie mit, daß am Wanderzug der Schwalben nicht mehr zu zweifeln sei.

Die Rauchschwalbe

Hirundo rustica

Auch wenn sie von der offiziellen Wissenschaft des Abendlandes zwei Jahrtausende lang geleugnet wurden, haben die alljährlichen Wanderzüge der Schwalben die Aufmerksamkeit des Menschen von jeher auf sich gezogen. So findet sich das erste schriftliche Zeugnis über dieses Phänomen bereits im Alten Testament, wo es heißt:

Selbst der Storch am Himmel droben
kennt seine Zeiten,
und Turteltaube und Schwalbe und Kranich
halten die Zeit ihrer Wiederkunft ein.

In unseren Regionen, wo die Winter kalt sind, treten ausschließlich von Insekten lebende Vögel wie die Schwalben nur als Sommergäste auf. Die kalte Jahreszeit verbringen die Tiere im tropischen und südlichen Afrika. Rauchschwalben erreichen diese Zonen nach ein bis zwei Monaten Wanderzug, was einer täglichen Flugleistung von etwa 200 km entspricht. Dies ist kein übermäßiges Pensum für eine Vogelart, deren Flugvermögen eine bewundernswerte Leichtigkeit erreicht und die den größten Teil ihrer Lebens Insekten jagend in der Luft verbringt. Schwalben baden und stillen sogar ihren Durst im Flug, indem sie über die Wasseroberfläche hinwegstreifen. Selbst die Jungen werden nach Verlassen des Nestes im Fliegen gefüttert, wobei sich Jungtier und Altvogel – wie auf dem Druck abgebildet – flügelschlagend in der Luft gegenüberstehen. Nur Mauer- und Alpensegler haben sich noch mehr vom Lebensraum Erde emanzipiert. Mit Ausnahme von Aufenthalten im Nest spielt sich ihr ganzes Dasein in der Luft ab.

Der Eisvogel

Alcedo atthis

„Wie das Blau des Türkis sich heiter unter den Mineralien abhebt, so schillert, juwelengleich, der Eisvogel unter den einheimischen Vögeln." Das ist ganz Goulds Stil, mit seiner Vorliebe für rhythmische Sätze und ausgewählten Wortschatz.

Und er hat recht. Schwirrt an einem Gewässer ein türkisfarbener Pfeil vorüber, kann es sich dabei nur um einen Eisvogel handeln. In rasantem Flug strebt das Tier seinem Landeplatz zu, läßt sich auf einem über das Ufer ragenden Weidenzweig oder Schilfrohrhalm nieder, lauert und wartet auf den geeigneten Augenblick, um im Sturzflug auf die im Wasser erspähte Beute niederzugehen.

Gould und Richter haben ihre Vögel auf eine Hängesegge gesetzt. Ein Exemplar sieht man von vorne, das andere zeigt den Rücken, so daß sowohl der himmelblaue Mantel als auch die fuchsrot-orange Körperunterseite zur Geltung kommen.

Eisvögel trifft man nur in der Nähe von Gewässern an – im allgemeinen sind es Flüsse mit schwacher Strömung, Kanäle, Seen, Teiche oder Sandgruben. Voraussetzung ist allerdings immer klares Wasser. Als Nest dient ihnen ein Tunnel, den sie in die lockere Erde der Uferböschung graben. Der schmale, 50 bis 90 cm lange Gang führt zu einer Nestkammer in Form eines halbkuppligen Gewölbes, auf deren Boden vier bis zehn Eier abgelegt werden. Die Jungvögel verlassen den Bau nach 25 Tagen und sind bald nach dem Flüggewerden fähig, selbst nach Fischen zu jagen. Die Elterntiere vertreiben sie dann unverzüglich aus ihrem Revier, um die nächste von zwei bis drei Bruten pro Jahr in Angriff zu nehmen. Dank der hohen Fruchtbarkeit ist die Art imstande den Populationsverlust wieder auszugleichen, selbst nach harten Wintern, in denen die Seen und Flüsse gefrieren und die Sterblichkeitsrate – vor allem bei den Jungtieren – enorm ist.

Der Bienenfresser

Merops apiaster

Die Bewohner des Mittelmeerraums nennen ihn „afrikanischer Jäger", ein Name, in dem sich Exotik und Lebensweise des Bienenfressers treffend widerspiegeln. Als einzige Art unter den Bienenfressern nistet er in Europa, von wo er alljährlich in den schwarzen Kontinent, seine Heimat und Wiege der größtenteils afrikanischen Familie, zurückkehrt. Jäger nennt man ihn, weil er sich ausschließlich von Insekten ernährt, die er im Flug erhascht. Meist sind es Bienen, Hummeln und Libellen. Häufig läßt er seinen Ruf vernehmen, der wie *rüpp ... dirüp* klingt und schon aus der Ferne seine Gegenwart ankündigt. Sein anmutiger Flug wechselt mit Gleitphasen, die er mit steifen Flügeln ausführt.

Bienenfresser sind sehr gesellig und nisten in Kolonien. Ihr Nest besteht aus einem Tunnel, den sie in Abhänge von Erdhügeln und in Böschungen von Wasserläufen (siehe Druck) und Straßen graben. Am Ende dieser 1 bis 2 m langen Röhren finden fünf bis sieben Eier Platz, die von Männchen und Weibchen gemeinsam ausgebrütet werden. Ein höchst erstaunliches Phänomen ist, daß die Alttiere beim Füttern der Jungen oftmals von engen Verwandten – meistens einem Jungvogel aus der vorangegangenen Brut – unterstützt werden. Diese hilfsbereiten „Paten" pflanzen sich selber nicht fort, sind aber für die Brut ein überlebenswichtiger Faktor.

Das Brutgebiet der Art erstreckt sich über Südeuropa, Nordafrika und den Mittleren Osten. In Österreich hat der Bienenfresser seine bedeutendsten Bastionen im pannonischen Raum, in Deutschland brütet er nur regelmäßig in den südlichen Landesteilen, vor allem am Kaiserstuhl. Ansonsten gibt es in warmen Sommern auch vereinzelnte Bruten oder Brutversuche im Rest des Landes. Zum Überwintern begibt sich der Bienenfresser ins tropische und südliche Afrika.

Die Blauracke

Coracias garrulus

„Wer möchte leugnen, daß die Farben der Blauracke mit dem blauen Himmel und der klaren Luft des Kontinents besser harmonieren als mit dem feuchten, unbeständigen, nebligen Klima unserer Inseln." Diese Feststellung Goulds ist sicherlich richtig, doch selbst am Kontinent wirkt die Blauracke wie ein Exot. Sie hält sich dort nur von April bis Mitte September auf und verläßt selten die angestammten Brutgebiete im Osten und Süden Europas, wo sie zum Beispiel in geringer Zahl noch in der Steiermark und gelegentlich im Südburgenland brütet. In der Slowakei, in Polen und Ungarn gibt es noch stabile Brutpopulationen, ansonsten nur spärliche Meldungen vereinzelter Brutpaare auch aus Bayern, Baden-Württemberg, Niedersachsen sowie den neuen Bundesländern. Es bleibt ein Ereignis, das man nie vergessen wird, wenn man an einem Maimorgen das Glück hatte, einem der letzten „Blauhähere" in der Niederlausitz begegnet zu sein, einem Vertreter einer Population, die im Jahre 1990 erlosch. Unwillkürlich fühlte sich jeder Beobachter ins tropische Afrika versetzt.

Silhouette, Größe und Erscheinung der Blauracke erinnert an Dohlen. Doch ihr Flug ist flinker und ihre Jagdmethode den Würgern verwandt. Ein Ast oder ein Draht dient als Ansitz, von dem der Vogel herabtaucht, um am Boden nach Heuschrecken, Grillen oder Käfern zu schnappen.

Der Druck zeigt leider nicht die Pracht der entfalteten Flügel. Sie sind türkis- und ultramarinblau mit schwarzen Bändern an den Rändern. Diese Flügelzeichnung ist von einem Kolorit, das sich in der europäischen Fauna und Flora kein zweites Mal mehr findet. Die größten Maler, allen voran Albrecht Dürer im Jahre 1512 und nach ihm unzählige Renaissance-Künstler, waren bestrebt, es wiederzugeben.

Der Wiedehopf

Upupa epops

Der Wiedehopf ruft *u-pu-pup* – drei Silben, die sein lateinischer Name fast perfekt wiedergibt. Jeden Ruf begleitet er mit dem Aufstellen und Ausfächern seiner Federhaube. In Frankreich heißt sie „Huppe“ (auszusprechen üp) – „Schopf“ und wurde dort in einer Gleichsetzung von Bild und Klang zur Bezeichnung der Art. Was die Engländer betrifft, so nennen sie den Wiedehopf „Hoopoe“ (auszusprechen hü-pü). „Viele Leser würden sicherlich gerne erfahren, wo sie diesen außergewöhnlichen Vogel in England zu Gesicht bekommen können und ob sie hierzu Felder, Hecken und Unterholz durchkämen müssen. Dazu kann ich nichts sagen [...] er taucht immer überraschend auf, und mancher bekommt sein ganzes Leben lang nicht ein Exemplar vor Augen.“ Dieser Text Goulds gibt uns über zwei Dinge Auskunft. Erstens: daß es bereits um 1860 in England zahlreiche „Bird-watchers“ gab; zweitens: daß der Wiedehopf dort damals so selten war wie heute. Tatsächlich werden in Großbritannien jeden Frühling kaum mehr als ein paar Dutzend Wiedehopfe gemeldet, und ihre Fortpflanzung dort fand nur einmal in den letzten dreißig Jahren statt. Mitteleuropa ist begünstigter. Vor allem in den alten Obstbaumkulturen Frankens, den abwechslungsreichen Weingärten des Neusiedlerseegebietes und den Brachflächen des Walliser Rhônetals ist der Wiedehopf als Brutvogel noch relativ häufig. Sieht man seinen schwankenden, wellenförmigen, unschlüssigen Flug, so kann man sich nicht vorstellen, daß dieser Vogel zu ausgedehnten Wanderungen fähig ist. Dennoch zieht der Wiedehopf regelmäßig zum Überwintern ins tropische Afrika. Der Stich zeigt einen der seltenen *Birds of Great Britain,* wobei im Vordergrund ein Exemplar im Flug abgebildet ist.

Der Schwarzstirnwürger

Lanius minor

„Diese Art hat ihren Lebensraum in sonnigen Regionen: in der Türkei, in Griechenland, Italien und großen Teilen Südfrankreichs.“ 1868 stimmte diese Feststellung Goulds noch. In Frankreich beschränkt sich heute die Anwesenheit des Schwarzstirnwürgers auf letzte Bastionen in der Provence und dem Languedoc. In der Schweiz und Deutschland wurden die letzten Bruten vor nun fast 10 Jahren registriert. In Österreich existieren noch wenige Paare am Ostufer des Neusiedlersees. Obwohl die Ursachen des Populationsrückganges nicht erforscht sind, vermutet man als Urheber den Klimawechsel der letzten 100 Jahre und die Ausbreitung der Landwirtschaft. Auch die Dürre in den afrikanischen Überwinterungsgebieten dürfte zum Verschwinden der Schwarzstirnwürger beigetragen haben.

Der Rotrückenwürger

Lanius collurio

Würger haben die unsympathische Angewohnheit, ihre Beute auf Dornen zu spießen. Diese Verhaltensweise tritt nicht allgemein auf, sondern kann je nach Art und Individuum variieren. Beim Schwarzstirnwürger ist sie selten, beim Rotkopfwürger unregelmäßig anzutreffen. Beim Raubwürger und beim Rotrückenwürger, den zwei weiteren im Gebiet brütenden Arten, erscheint sie dagegen häufig. Der Rotrückenwürger oder Neuntöter ist die in Mitteleuropa am weitesten verbreitete Art, auch wenn er in bestimmten nordwestlichen Regionen Deutschlands und in den Hochalpen fehlt. Wie die übrigen Würger ist seine Poulation seit den letzten dreißig Jahren geschwunden. Die Agrarisierung des ländlichen Raumes hatten das Verschwinden von Nistplätzen und eine Abnahme der Beutetiere zur Folge.

Der Trauerschnäpper

Ficedula hypoleuca

Ein unscheinbarer kleiner Vogel, der von einem Zweig wegfliegt, einen Schnörkel beschreibt und flink zu seinem Ansitz zurückkehrt: Dieses Treiben ist für Fliegenschnäpper charakteristisch. Will man eine einzelne Art bestimmen, muß man genau hinsehen, vor allem in Gegenden Süddeutschlands und Oberösterreichs, wo es vier der fünf in Europa heimischen Arten gibt. Sie alle teilen sich bestimmte Familieneigenschaften: kurze Beine, lange, zugvogeltypische Flügel und einen kurzen, mal mehr, mal weniger abgeflachten Schnabel. Borsten an seinem Ansatz vergrößern die Reichweite, wenn der Vogel nach seiner Beute schnappt.

Wie Schwalben ernähren sich Fliegenschnäpper ausschließlich von Fluginsekten: Auf einer Warte lauern sie, bis die Beute nah genug vorüberfliegt, um dann loszuschnellen. Doch jagen sie auch auf den Boden. Vor allem Trauerschnäpper sind dort bei Regen häufig auszumachen. Vor Sommerende entfliehen die Fliegenschnäpper dem kälter werdenden Klima und ziehen zu den Waldgebieten des tropischen Afrikas. So findet sich der Grauschnäpper im Oktober in Gabun, der Trauerschnäpper auf den Baumsavannen Guineas und der Elfenbeinküste ein.

Im April und Mai, wenn die Obstbäume blühen, kehren sie nach Europa zurück. Nach der Ankunft sucht das Trauerschnäppermännchen nach einem Brutplatz – eine Baumhöhle, ein Spechtnest oder einen Nistkasten. Um den Nestbau kümmert sich das Weibchen. Es muß sich seinen Partner manchmal teilen, da Bigamie bei dieser Art weit verbreitet ist. Das Gefieder des Männchens ist schwarzweiß oder dunkelgraubraun. Das Weibchen hat einen braunen Rücken und weißliche Flügelzeichnung. Auf dem Druck sieht man die beiden im Geäst einer Feldulme.

Der Kleiber

Sitta europaea

Der in seiner Komposition bemerkenswerte Druck zeigt nicht nur das typische Aussehen dieses kleinen baumkletternden Singvogels – kurzer Schwanz, kurze Beine, graublauer Rücken, er illustriert auch zwei einzigartige Verhaltensweisen der Art. So vermag der Kleiber kopfunter Bäume hinabzulaufen. Doch damit nicht genug, betätigt er sich auch als Maurer und bringt mit viel handwerklichem Geschick die Öffnung des als Nistplatz gewählten Hohlraumes auf die für ihn passende Größe. Nicht mehr als 3 cm Durchmesser darf sie aufweisen. Zu diesem Zweck rührt das Weibchen mit seinem Speichel Lehm oder Ton zu Kügelchen an, die es um den Eingang des Baumloches oder alten Spechtnestes anbringt. Kleiber, die in Nistkästen Unterschlupf finden, mörteln innen die Ritzen zu und befestigen demonstrativ einige Kügelchen über dem Eingang, selbst wenn er schmal genug ist. Ihr Werk ist sehr widerstandsfähig und kann Jahre halten. Das Nestinnere erhält dagegen eine kärgliche Ausstattung. Das Weibchen legt seine Eier auf einer Streu trockenen Laubs und brütet sie alleine aus. Zwei Wochen braucht es dazu, in denen es vom Männchen gefüttert wird. Etwas mehr als drei Wochen nach dem Schlüpfen verlassen die Jungtiere das Nest, in das sie nicht mehr zurückkehren. Einige Zeit bleiben sie noch in seiner Nähe, dann trennen sie sich von den Altvögeln.

Der oben abgebildete Kleiber trägt eine Haselnuß im Schnabel und verweist damit auf eine dritte typische Verhaltensweise dieser Vögel: Sie legen Vorräte an Bucheckern und Haselnüssen an, indem sie die Früchte in den Ritzen der Baumrinde verstecken.

Der Waldbaumläufer

Certhia familiaris

Wie Kleiber erkunden auch Baumläufer die Rinde von Bäumen. Sie klettern in kleinen Sprüngen, bei denen sie sich vom Stamm abstoßen und wie Spechte auf ihren Schwanz stützen. Immer auf der Suche nach winzigen Insekten, prüfen sie Rindenrisse, Efeu und Moos. Anders als der Kleiber können sie einen Stamm nicht mit dem Kopf nach unten hinunterlaufen. Ihr Erkundungsgang verläuft daher immer von unten nach oben. Am Gipfel ihrer Klettertour angelangt, fliegen sie zu ihrem Ausgangspunkt zurück oder wechseln den Baum. Sie sind wenig scheu, wiegen nur 7 g und sind mit ihrem braunmelierten, rindenähnlichen Gefieder so gut getarnt, daß man sie übersehen würde, wenn sie nicht unaufhörlich in Bewegung wären.

Zwei Arten gibt es in Europa: den Waldbaum- und den Gartenbaumläufer, die beide auch in den deutschsprachigen Gebieten heimisch sind. Welche hat man vor sich? Diese Frage hat schon manchen, nicht nur ungeübten, Vogelbeobachter beschäftigt. Nur das erfahrene Ohr hat Erfolg: Der Gesang des Waldbaumläufers ist eine halbe Sekunde länger, gellender, weniger rhythmisch und enthält einen Triller, der bei seinem Doppelgänger nicht zu hören ist. Für das weniger geübte Ohr ist der Rufe der beiden Arten jedoch nicht zu unterscheiden. Zweifel sind nur in den nadelholzreichen Bergwäldern der Alpen und an der deutschen Nordseeküste ausgeschlossen: ersteres ist das alleinige Gebiet des Waldbaumläufers, letzteres des Gartenbaumläufers. Die Britischen Inseln werden ausschließlich vom Waldbaumläufer bevölkert.

Der Druck zeigt die Jungen beim Verlassen des Nests, das beide Arten hinter einem Stück abstehender Baumrinde unterzubringen pflegen.

Der Zaunkönig

Troglodytes troglodytes

„Troglodyt: Höhlenmensch" – so definiert der Fremdwörterduden die wissenschaftliche Bezeichnung des Zaunkönigs. Und diese Bedeutung paßt in gewissen Zügen zu der kleinen Vogelart mit gedrungenem Körper und kurzem, aufgestelltem Schwanz, da der Vogel sein Nest, also seine Behausung, jeder Art von Hohlraum anpaßt, wie damals unsere Vorfahren.

Dieser kleine Bursche (8 cm) macht immer und überall auf sich aufmerksam. Jede Jahreszeit, jeder Anlaß ist ihm recht, in freche, heftige Attacken und schrille Gesänge mit hektischem Rhythmus auszubrechen. Wie eine Maus sieht man ihn mit ruckartigen Bewegungen des kleinen, aufgestellten Schwanzesdurch das Dickicht huschen, bis er schließlich mit schwirrenden Flügeln in rasantem Flug verschwindet. Er besitz ein so überschäumendes Temperament, daß er im Frühling aus Moos, Gräsern und Laub gleich mehrere seiner großen Kugelnester mit dem runden, seitlichen Einschlupfloch baut. Für sie ist ihm jeder Platz recht: Risse im Gestein, Hohlräume in Mauern, Holzstapel und Reisighaufen. Innen wird die Brutstatt vom Weibchen mit Federn ausgekleidet.

Es wählt sich eines der Nester aus, zu dem es die Männchen mit Gesang und Körpersprache locken, und entscheidet sich damit gleichzeitig auch für ihren künftigen Partner. Die Paarung folgt. Der Auserwählte gibt sich nicht immer mit einem einzigen Weibchen zufrieden. Er neigt zur Polygamie und quartiert oftmals mit Erfolg zwei oder sogar drei Gefährtinnen in seinem Revier ein.

Da sich der Zaunkönig in allen Lebensräumen mit größeren oder kleineren Waldflächen wohl fühlt, ist er im Flachland wie im Gebirge zu Hause. Das Bild zeigt zwei Altvögel und ein Jungtier auf Hopfenstauden.

Die Blaumeise

Parus caeruleus

Wer von seinem Fenster aus freifliegende Vögel beobachten will, braucht nur ein Vogelhäuschen aufzustellen und darin Sonnenblumenkerne auszustreuen: Er kann sicher sein, daß er den ganzen Winter über Meisen zu Gast haben wird. Der eifrigste Besucher ist die Blaumeise. Sie hat einen kobaltblauen Scheitel und einen grünen Mantel. Flügel und Schwanz sind ultramarinblau; die Körperunterseite ist zitronengelb. Inmitten weißer Wangen funkeln die Äuglein, die ein schwarzer Streifen zu Schlitzaugen verlängert.

Die kleinen Singvögel benötigen täglich etwa ihr Körpergewicht an Nahrung, die zum größten Teil aus Insekten besteht und in der kalten Jahreszeit durch Körner ergänzt wird. Der hohe Futterbedarf zwingt sie, ständig auf der Suche zu sein. Bei dieser Beschäftigung legen die Tiere eine erstaunliche Behendigkeit an den Tag und nehmen beim Inspizieren von Rinden und Zweigen die akrobatischsten Haltungen ein. Man sieht sie sogar, mit den Beinchen festgekrallt, kopfüber im Geäst hängen. Da sie nicht scheu sind, nutzen sie schon bald die Futterquellen, die der Mensch ihnen anbietet, und können auch handzahm werden. In England, wo man die Milch an die Haustür liefert, haben sie gelernt, Löcher in die Flaschenverschlüsse zu picken, um an den Rahm zu gelangen.

Die Blaumeise ist vom Norden bis in den Süden Europas weit verbreitet und überall häufig anzutreffen, sogar in kleinen Parks inmitten der Großstädte. Wie alle echten Meisen baut sie ihr Nest in Hohlräume wie Baumhöhlen oder verlassene Spechtbehausungen, aber auch in Maueröffnungen und Felsritzen. Das Nest fertigt sie aus Moos und legt darin etwa zehn bis zwölf Eier ab. Die hohe Fruchtbarkeit führt jedoch nicht dazu, daß sich die Art über Gebühr vermehrt, da die Sterblichkeit unter den Jungtieren beträchtlich ist.

Die Kohlmeise

Parus major

Wer im Winter für Meisen Futter ausgebracht hat, kann auch im Frühling seinen Garten für die Tiere attraktiv gestalten, indem er Nistkästen anbringt. Die Vögel akzeptieren auf Anhieb jedes an Wänden oder Bäumen aufgehängte hohle Objekt, vorausgesetzt, man bringt es zu der Seite hin an, die am wenigsten dem Regen ausgesetzt ist. Bei der Kohlmeise, mit der Größe eines Spatzes die Königin der Paridae, darf der Durchmesser der Eingangsöffnung nicht kleiner als 37 mm sein, allerdings auch nicht größer, will man vermeiden, daß Stare das Quartier in Beschlag nehmen.

Die Kohlmeise verträgt sich gut mit der Blaumeise und teilt sich mit ihr die identische Nahrung. Anfang Herbst vereinigen sich beide Arten mit anderen Meisenvögeln sowie Zaunkönigen, Baumläufern und Kleibern zu kleinen Schwärmen, die Wälder und Obstgärten durchstreifen. Dieser Zusammenschluß erfolgt zu wechselseitigem Nutzen. Nachdem die kleinen Vögel von den ausschließlich geschlechtlichen, fortpflanzungsbedingten Bindungen befreit sind, können sie so das mit Ende der schönen Tage geringer werdende Nahrungsangebot leichter aufspüren und effizienter nutzen. Im Winter sind diese umherziehenden Trupps Holzfällern, Köhlern und anderen Waldarbeitern ein vertrautes Bild.

Kohlmeisen gelten als ortsgebunden, weil man sie von Frühling bis Winter antrifft. In manchen Jahren brechen sie jedoch von Mitteleuropa zu invasionsartigen Zügen auf und fallen in das Mittelmeerbecken ein. Die Kohlmeise brütet sogar auf den Ost- und Nordfriesischen Inseln, allerdings nur ausnahmsweise auf Helgoland. In den Schweizer Alpen wurden Bruten bis knapp unter 2000 m ü. M. gefunden.

Die Schwanzmeise

Aegithalos caudatus

Die Schwanzmeise nistet anders als die übrigen Meisen nicht in Hohlräumen, sondern baut sich unter freiem Himmel ihr Nest. Es ist ein kleines Meisterwerk: eine überdachte Konstruktion, bestehend aus einem Moosgeflecht, in das Rindenteile, Flechten, Spinnweben und Fasern eingearbeitet werden. Seine Struktur ist filzig, nachgiebig, elastisch und wasserundurchlässig. Männchen und Weibchen benötigen drei bis vier Wochen zu seiner Fertigstellung. Innen kleiden es die Vögel mit unzähligen Federn verschiedenster Art aus, die sie in ihrer Umgebung – bis hin zum einen Kilometer entfernten Hühnerhof – nach gründlicher Prüfung einzeln auflesen.

Das Gelege umfaßt acht bis zwölf Eier und wird vorwiegend vom Weibchen ausgebrütet, dem sich nachts sein Gefährte anschließt. Nach zwei Wochen erfolgt das Schlüpfen der Küken, die von beiden Elternvögeln mit Nahrung versorgt werden. Mit 15 Tagen sind die Jungtiere flügge, trotzdem wird sich die Familie erst am Ende des nächsten Winters trennen.

Gould und Richter zeigen uns ein Nest, das in einen Wacholderstrauch gebaut wurde. Eigentlich kann man die Nester überall vom Boden bis in die Baumwipfel, in Laubbäumen, Buschgestrüpp oder einem Dickicht junger, mannshoher Nadelbäume finden. Für Gould war es das Nest par excellence, das Nest, „das auf dem Land alle Kinder kennen und dessen Eingang sie oftmals mit ihren Fingern in Unordnung bringen, um ganz am Boden des warmen Federbettes nach den winzigen Eier zu tasten".

Die Bartmeise

Panurus biarmicus

Obwohl dieser Vogel keine echte Meise ist, wird er Bartmeise genannt. Er stellt den einzigen europäischen Vertreter der Papageischnäbel dar, einer exotischen, hauptsächlich in Asien verbreiteten Gruppe. Man ordnet sie heute in die große, bunte Familie der Timalien ein, die eher mit den Grasmücken als mit den Meisen verwandt ist.

Ein kleiner, rötlichbrauner Vogel mit langem, gestuftem Schwanz, der wie ein winziger Fasan mit vibrierenden Flügeln über dem Schilf verschwindet; eine Stimme, die an den metallischen Klang gezupfter Saiten erinnert: So präsentiert sich uns die Bartmeise. Seit etwa dreißig Jahren trifft man sie im Westen Europas immer häufiger an, als Folge der sprunghaften Zunahme der niederländischen Population, die auf die Einpolderung des Ijsselmeers und die damit verbundene Entstehung neuer Schilfflächen zurückzuführen ist. Von 300 Paaren wuchs ihr Bestand in Holland auf 20.000 Individuen. Die Vögel schwärmten nach Deutschland, England und Westfrankreich aus. Gegenwärtig ist die Art in der ganzen Norddeutschen Tiefebene bis hin nach Polen mit einzelnen Verbreitungsinseln südwärts bis ins schweizerisch-schwäbische Alpenvorland und zwischen Harz und Thüringerwald zu finden. Ein zweiter mitteleuropäischer Verbreitungsschwerpunkt ist der Schilfgürtel des Neusiedlersees an der österreich-ungarischen Grenze.

Wenn sie an den Schäften der Schilfstauden hochklettern, nehmen die Bartmeisen akrobatische Posen ein. Man muß gesehen haben, wie sie sich mit weit gespreizten Beinen an zwei Stengeln gleichzeitig festklammern. Auf dem Bild hält sich ein Pärchen an einem Gemeinen Schilfrohr fest. Oben sitzt das Männchen, zu erkennen an dem schwarzen Bartstreif, der nur sein Gesicht ziert.

Der Pirol

Oriolus oriolus

Wenn im Mai die Bäume ausschlagen, kehrt der Pirol aus Afrika zurück. Vor allem sein flötender, unbekümmerter, heiterer Gesang – *düdelio... dideliüo...* – verkündet uns, daß er wieder in Landen ist. Denn der Vogel ist in den hohen Baumwipfeln zu Hause, wo das Männchen im Blätterlaub sein goldgelbes und schwarzes Federkleid verbirgt, als ob es für unsere kalten Gegenden zu prächtig wäre.

Tatsächlich ist der Pirol der einzige europäische Vertreter einer Familie afrikanischen Ursprungs, und es handelt sich im Grunde um ein Fehlurteil, wenn wir ihn, der acht von zwölf Monaten in den Tropen verbringt, als einen einheimischen Vogel betrachten. Dasselbe gilt übrigens für viele andere Zugvögel, die auf dem schwarzen Kontinent überwintern, so für den Wespenbussard, den Kuckuck, die Blauracke oder den Mauersegler.

Nach ihrer Ankunft jagen die beiden Geschlechter im Kronendach der Bäume einige Tage lang hintereinander her und stoßen dabei herausfordernde Pfiffe aus. Dies ist ihre Art Hochzeit zu feiern. Wenn das Laub dichter wird, wählen die Paare eine elastische Zweiggabel aus, an der sie ihr Nest anbringen. Es bildet eine sorgfältig aus Gräsern und Rindenstreifen geflochtene Hängematte, die eine Polsterung aus Moos, Federn, Wolle und Tierhaaren erhält. Nach kaum eineinhalb Monaten ist die Fortpflanzungsphase abgeschlossen, und bereits Ende Juli starten die ersten wieder in Richtung Afrika.

Der Druck ist ein schönes Beispiel für die hohe Qualität von Richters Arbeiten. Bis in die Details präsentiert er uns mit viel Eleganz und in einem immer gleichen Bemühen um Authentizität das Gefieder der Vögel, das Gewebe des Nestes oder das Laub des Feldahorns.

Die Singdrossel

Turdus philomelos

Wenn man anhand einer Vogelart das Verhältnis von Franzosen und Briten zur Natur, d. h. ihre diesbezüglich unterschiedliche Sensibilität und Tradition, anschaulich machen wollte, wäre die Singdrossel eine geeignete Spezies. Jenseits des Ärmelkanals wird sie wie das Rotkehlchen von allen geschätzt und wegen ihres schwungvollen, jedermann bekannten Gesangs gefeiert. Kein Brite käme auf die Idee, diesen Vögeln nachzustellen. In Frankreich ist sie per Gesetz zum Abschuß freigegeben und wird im Großteil des Landes zusammen mit drei weiteren Drosselarten bejagt. Dort fallen jährlich 13 Millionen Dosseln, das sind doppelt so viele wie Hasen und vier Mal so viele wie Rebhühner, der Jagd zum Opfer. Der Hauptteil dieser Beute wird im Südosten und im Süden des Landes erlegt, die wichtige Überwinterungsgebiete der europäischen Drosselpopulationen sind. Doch haben sich dort mehr als anderswo auch Bräuche erhalten, die auf die Römerzeit zurückgehen. Drosseln waren im alten Rom hochgeschätzte Speisevögel. Nach all dem hat die Singdrossel in unseren Landen ein weniger spektakuläres Leben, wo sie weder von des „Birders" Fürsorge noch den Händen des Vogelfängers sprichwörtlich erdrosselt wird.

Die Singdrossel ist scheu und lebt zurückgezogen in Wäldern und im Dickicht. Sie macht sich nur bemerkbar, wenn sie gut sichtbar auf einer Baumkrone ihr Lied anstimmt, das einen halben Kilometer weit zu hören ist. Ihr Nest errichtet sie, meist in über zwei Meter Höhe, auf einem jungen Nadelbaum, einem Efeu oder einem Brombeerstrauch und kleidet es innen mit geglätteter Erde aus. Es ist immer wieder ein großes Erlebnis, die blaugrünen Eier in ihrem Napf aus Stroh und Lehm zu entdecken. Richter präsentiert sie uns in einer Heckenrose.

Die Misteldrossel

Turdus viscivorus

Die Misteldrossel ist die große Sängerin der Wälder. Auf Baumwipfeln stimmt sie einfache Strophen an, die aus wenigen, wohlklingenden Tönen bestehen, von relativ langen Pausen unterbrochen sind und eine pathetische Melodie haben. Ihr tremolierender Gesang rührt um so mehr, als er bereits im November zu hören ist, und selbst im Januar läßt sie ihn regelmäßig und zu jeder beliebigen Tageszeit vernehmen, als wollte sie damit den Winter herausfordern.

Sie sucht jetzt in alten Obstgärten, Pappelwäldern und Lindenalleen nach Misteln. Der Vogel macht sich ein Fest aus ihren klebrigen Beeren und trägt so zur Vermehrung dieser parasitären Pflanze bei. Im Deutschen trägt er die Mistel in seinem Namen. Auch die Wissenschaft spielt auf diese Vorliebe an und nennt ihn lateinisch *Viscivorus:* Mistelfresser. Mit schnarrenden Rufen *schnärrr... schnärrr,* wie wenn man einen Kamm über Holz streicht, machen sich die Männchen die begehrten Büschel streitig. Ab Mitte Februar und vor allem Anfang März, wenn der Gesang seinen Höhepunkt erreicht, verschärft sich ihr Revierverhalten. Das Weibchen baut in einer dicken Astgabelung das Nest, in das es vier grünliche bis rosafarbene, braungesprenkelte Eier legt. Nach der ersten, sehr frühen Brut folgt zwischen Mai und Juni eine zweite, danach manchmal auch noch eine dritte. Man kann daher noch im August gefleckte Jungtiere beobachten.

Diese große Drosselart ist in bewaldeten Landschaften zu Hause, meidet aber dichten Wald ebenso wie völlig baumlose Regionen. Sie liebt Lebensräume, wo Wiesen, Wälder und kleine Baumgruppen nebeneinander existieren und einander abwechseln. Sie brütet in ganz Mitteleuropa von der Küste bis an die Waldgrenze der Gebirge. In Norddeutschland drängt sie neuerdings sogar bis in die Parkanlagen der Städte vor.

Die Wacholderdrossel

Turdus pilaris

Mit ihrem aschgrauen und dunkel-kastanienbraunen Gefieder, dem fast schwarzen Schwanz und der silbern schillernden Unterseite der Flügel ist sie die schönste unter den europäischen Drosseln. Ihr nervöser, schnatternder Ruf – *tschaktschaktschak*... – hallt den ganzen Winter von Pappeln und in Feuchtwiesen wider. Auch die großen Obstgärten, wo sich die Vögel von herabgefallenen oder hängengebliebenen Äpfeln ernähren, beherbergen zahlreiche Trupps.

Wacholderdrosseln trifft man selten alleine an. Geselligkeit ist der dominierende Zug der Art, der sich immer und überall manifestiert. Die Vögel fliegen nicht nur im Verband, sie suchen und erkunden auch gemeinsam ihre Nahrungsquellen, sitzen in Gruppen auf Baumwipfeln, baden zusammen, sammeln sich am Abend zur Nachtruhe und trennen sich auch zur Brutzeit im Frühling nicht, sondern bilden kleine Brutkolonien.

Ursprünglich ist die Taiga ihre Heimat. Von Sibirien aus verbreiteten sie sich Richtung Westen, wohin sie in Staffeln vorrückten, indem sie auf ihren Jahreszügen nach und nach fortpflanzungsfähige Gruppen zurückließen. So erreichten die ersten Wacholderdrosseln das Gebiet von Sachsen-Anhalt und Brandenburg um 1820, aber erst 1923 die Nordschweiz und 1930 Tirol. Im Moment erobert sich diese Drossel den Westen Frankreichs und die Hochlagen der Alpen und Mittelgebirge, und auch in die Städte dringt sie vor. Wacholderdrosseln, die an der Ostseeküste ab Oktober zu Gast sind, stammen jedoch zum Großteil aus Skandinavien, während unsere Brutvögel der ungewohnten Kälte nach Südfrankreich und Norditalien ausweichen.

Ihr Nest – hier in der Astgabel eines Vogel-Kirschbaums abgebildet – kleiden die Vögel immer mit frischem Moos aus.

Die Amsel

Turdus merula

Wohl kaum ein Vogel in den Städten singt so schön wie die Amsel. An wärmeren Januarabenden kann man das Männchen hören, wie es auf einer Antenne sitzend in ein pfeifendes Selbstgespräch fällt. Mitte März läßt es die Strophen mit den vollen, flötensüßen Tönen dann schon bei Tagesanbruch über die Höfe schallen, noch bevor der Verkehrslärm wieder von der Stadt Besitz ergreift. Diese Vogelart, die eigentlich im Wald beheimatet ist, hat die Städte erst seit relativ kurzer Zeit für sich erobert. Ihr Vordringen in diesen Lebensraum setzte in England um 1830 ein, zeitgleich mit der Verstädterung des Vogels im Süden Deutschlands, und fast 100 Jahre bevor die Amsel auch in die Städte Nordostdeutschlands Einzug hielt. Heute sind Amseln überall um uns herum anzutreffen. In Großbritannien, aber auch in den tieferen Lagen Deutschlands und Österreichs ist auch die Singdrossel in die urbanen Zonen vorgedrungen, ohne allerdings ihre Scheu in dem Maße abzulegen wie die Amsel. Der Amsel, der Singdrossel und dem Zaunkönig hat Shakespeare in seinem *Sommernachtstraum* vier Verse gewidmet:

The ousel cock so black of hue,
With orange-tawny bill,
The throstle with his note so true,
The wren with little quill *.

Richters meisterhafte Komposition mit dem Altvogelpaar und dem Nest im Geißblatt ist voller Poesie. Unten klammert sich ein Zaunkönig an einen Sproß der Kletterpflanze und erinnert unauffällig an Shakespeares Lied, das Gould an die Spitze seines Kommentars über die Amsel gestellt hat.

**Der Amselhahn in tiefem Schwarz*
Mit gelbem Schnabelspitz
Die Drossel singt so rein und klar
der Zaunkönig ganz winzig ist.

Die Ringdrossel

Turdus torquatus

Die Ringdrossel erinnert in Gestalt und Größe an eine Amsel, von der sie sich durch einen weißen Halbmond quer über der Brust unterscheidet. Beim Männchen ist er gut ausgeprägt, beim Weibchen schmaler und mehr gräulich. Beide Arten sind in unterschiedlichen Lebensräumen zu Hause. Die Ringdrossel ist ein ausgesprochener Bergvogel, der die Höhenlagen Mittel- und Südeuropas bevölkert. Eine weitere Population, die durch die letzten Eiszeit isoliert wurde, existiert auf den Britischen Inseln und in Skandinavien.

In den Alpen und den Hochlagen der Mittelgebirge liegt der arttypische Lebensraum an der oberen Baumgrenze, wo die Nadelbäume einer buschigen Vegetation aus Sträuchern und Grünerlen weichen. Je nach Ausrichtung des Berghangs kann dies auf 1.500 bis 2.300 m Höhe sein. Im Norden Europas leben die Vögel auf Heiden oder in Mooren.

Die Ringdrossel geizt nicht mit ihrem Lied, das flötende mit harten, abgehackten Tönen mischt und wie eine grobe, verlangsamte Variante des Singdrosselgesangs klingt. Ihr Warnruf – ein *tack-tack-tack* – erinnert an Amseln, ist jedoch trockener und lauter. In den Alpen beheimatete Vögel nisten in unterschiedlichen Standhöhen auf isoliert stehenden Nadelbäumen oder in Sträuchern wie kleinen Ebereschen und Alpenrose. Im Norden müssen sie sich dagegen – wie auf dem Druck zu sehen – oftmals mit einem Felsloch oder mit einem von Steinen gebildeten Hohlraum begnügen.

Im September haben die meisten Vögel unsere Berge bereits verlassen und sind in die Felsenmassive des Sahara-Atlas abgezogen, wo sie – von Marokko bis Tunesien – den ganzen Winter über bleiben. Selten wurde aus der Schweiz und Frankreich berichtet, daß sich Einzelexemplare ins Gebirgsvorland und die Alpentäler zurückziehen.

Der Steinrötel

Monticola saxatilis

Wer diese Drosselart zu Gesicht bekommen will, muß sie in ihrem angestamnmten Lebensraum aufsuchen. Der Vogel schätzt offene, hügelige, von Felsen durchsetzte Gegenden mit lockerer Buschvegetation, wie er sie am Mittelmeer und in Berglagen bis zu einer Höhe von 2.500 m findet. Seine Brutvorkommen in Mitteleuropa sind spärlich, den Hauptteil der 600 bis 900 Paare beherbergen die Südhänge der Alpen. In Österreich finden wir ihn in den Hohen Tauern, in den Lienzer Dolomiten und den Karnischen Alpen, sehr selten auch in den Nockbergen, den Karawanken, den Seetaler Alpen, der Koralpe, den Niederen Tauern und einigen Gegenden Vorarlbergs. Die schweizerischen Brutpaare konzentrieren sich vor allem auf das Wallis.

Der Steinrötel verbringt den Winter im tropischen Afrika und kehrt im April nach Europa zurück. Das Männchen beansprucht sein Revier, indem es auf einem Felsen sitzend oder fliegend seinen Gesang hören läßt. Der segelnde Balzflug ist eine mit gespreiztem Schwanz ausgeführte Folge von Arabesken und wird von einem klaren, flötenden Lied begleitet, das häufig andere Vogelarten imitiert. Bewegt sich der Steinrötel am Boden, wirkt er mit dem beständig zitternden Schwanz wie ein Schmätzer oder Rotschwanz.

Das Nest, in dem das Weibchen alleine 4 bis 6 blaugrüne Eier ausbrütet, ist in Geröll, Felsritzen oder Steinhaufen untergebracht. Der Druck zeigt ein Männchen, das über dem Gelege auf einem Zweig sitzt. Man sieht den blauen Kopf und den orangeroten Körper und Schwanz, während das weiße Rückenfeld des Vogels in dieser Vorderansicht verborgen bleibt. Alpenrose, Hauswurz und Steinbrech bilden einen Blumendekor, wie er für Berglandschaften charakteristisch ist.

Der Steinschmätzer *Oenanthe oenanthe*

Steinschmätzer sind immer erregt. Nie sieht man sie in Ruhestellung, unaufhörlich sind Schwanz und Flügel in Aktion. In Frankreich nennt man den Vogel „Traquet", nach dem Holzteil, das in einer ständigen Bewegung das Korn unter den Mühlstein fallen läßt. 1555 legte Pierre Belon, ein aus Le Mans stammender Arzt und Naturforscher, diese Bezeichnung fest, nachdem er die Vögel bei einer seiner Reisen in Griechenland und auf Kreta gesehen hatte.

Steinschmätzer tragen als gut sichtbare, typische Zeichnung ein umgekehrtes, schwarzes „T" auf dem weißen Bürzel und Schwanz. Mit Ausnahme eines Seltenheitsgastes aus der Mittelmeerregion, wo eine zweite Art mit etwas fahlerem Gefieder existiert, sind sie die einzigen Singvögel Mitteleuropas, die eine solche Federfärbung zeigen. Steinschmätzer bewohnen offenes Gelände mit niedrigem, lockerem Pflanzenbewuchs, wo sie ihre Grundnahrung – Bodeninsekten – gut sehen und jagen können. Dementsprechend sind sie auf Lebensräume wie Alpenmatten, junge Kahlschläge, sandige Heiden, Schotterflächen und Dünen spezialisiert. Hüpfend bewegt sich der Vogel durch sein Revier, wobei er gelegentlich rasante Flugpartien einlegt. Die Paare errichten ihr Nest in einem Erdloch oder versteckt unter Felsen, wo sie sechs hellblaue Eier auf Grashalme, einige Federn und etwas Wolle betten.

Der Steinschmätzer brütet in Europa, Nordasien, Alaska und Grönland. Die von den Vögeln auf ihren Zügen zurückgelegten Strecken können somit gewaltig sein, da alle Populationen in Afrika überwintern.

Zwischen dem Steinschmätzerpaar sieht man eine Spinnenragwurz, eine Orchideenart, die auf kalkhaltigen, felsigen Weideböden gedeiht.

Das Schwarzkehlchen

Saxicola torquata

Sich auf einem Ansitz zu zeigen gehört zu den ständigen Verhaltensweisen des Schwarzkehlchens. Daneben hat es andere Gewohnheiten: So hält es sich gerne an den Rändern von Wegen, Straßen oder Schienen auf. Im schmucken Hochzeitskostüm – schwarzes Käppchen, fuchsrote Weste und weißer Kragen – posiert das Männchen auf einem Leitungsdraht oder einer Weißdornhecke. Von dort macht es einen Satz in die Luft, stimmt ein bissiges, hektisches Liedchen an und kehrt auf Umwegen zu seinem Weibchen zurück, das in bräunlichem Federkleid zu Füßen eines Busches brütet.

Der fahrige Kerl, der mit dem Braunkehlchen nah und dem Rotkehlchen entfernt verwandt ist, ernährt sich von jeglicher Art Insekten: kleinen Schmetterlingen, Zweiflüglern, Heuschrecken, Spinnen oder Tausendfüßlern. Im Winter stellt er seine Ernährungsgewohnheiten um und nimmt dann auch Körner zu sich. Der Vogel ist in fast allen deutschen Bundesländern vertreten, aber nirgends häufig, und fehlt weitgehend im Nordosten des Landes, wo nur ganz sporadisch gebrütet wird. Die echten Hochlagen meidend – in der Schweiz brütet das Schwarzkehlchen jedoch bis auf 1450m – ist die Art in Österreich auf die Niederungen Ostösterreichs konzentriert, wo das Schwarzkehlchen Rekorddichten von 6,7 Reviere pro 10 ha erreicht. Unsere Population zieht sich zwischen November und Februar in den Mittelmeeraum und den Nahen Osten zurück. In wärmeren Regionen wie im schweizerischen Südtessin, gelingen auch Überwinterungen im Brutgebiet, die allerdings durch Kälteeinbrüche gefährdet sind.

Auf den Britischen Inseln sind fast alle Schwarzkehlchen standorttreu und leben vorzugsweise auf Erika-, Ginster-, und Stechginsterheiden. Der Druck bemüht sich um naturgetreue Wiedergabe und zeigt ein Pärchen auf einem Stechginster.

Der Gartenrotschwanz

Phœnicurus phœnicurus

Wie viele andere insektenfressende Vögel wechselt der Gartenrotschwanz zwischen der Sahelzone, wo er auf baumbestandenen Savannen den Winter verbringt, und dem europäischen Kontinent hin und her, den er als Brutvogel bis jenseits des Polarkreises bevölkert. Bei seiner Ankunft Mitte März macht das Männchen sogleich durch sein Federkleid auf sich aufmerksam. Nüchterne Eleganz ist sein Markenzeichen: die Brust ist orange, der Mantel schiefergrau, Gesicht und Kehle sind schwarz, die Stirn schmückt ein weißes Band, den fuchsroten Schwanz hält ein beständiges Zittern in Bewegung. Der schönen Rottöne wegen wird dieser kleine Singvogel, der sich gerne in Gärten aufhält, auch Gartenrötel genannt. Sein Nest verbirgt sich dort oftmals im Hohlraum einer alten Mauer. Doch quartiert er sich auch in Obstgärten und mitten im Wald ein, wenn er dort einen passenden hohlen Baumstamm findet, und verschmäht auch Nistkästen nicht. Die Dunkelheit, die das Nest einhüllt, verbirgt uns die Farbe der sechs bis sieben Eier. Sie sind türkisblau.

Gartenrotschwänze benötigen für die Aufzucht ihrer vielköpfigen Familien ein großes Angebot an tierischer Nahrung. Doch hat sich bekanntlich die Ausbreitung der Landwirtschaft auf die Insektenpopulationen verheerend ausgewirkt. So sind die Gartenrotschwänze fast überall auf dem Rückzug. In Mitteleuropa findet sich der dichteste Brutvogelbestand in lichten Laub- und Mischwäldern der collinen und montanen Stufe und in alten Gebäuden, Gärten, und Heckenzäunen auf dem Land.

Auf der linken Seite des Bilds sieht man zwei Männchen und vor dem Nesteingang ein Weibchen. Die drei Vögel sitzen auf einer Schwarzerle, eine Baumart, die trockene Früchte und männliche Kätzchen ausbildet.

Der Hausrotschwanz

Phoenicurus ochruros

Ursprünglich war der Hausrotschwanz ein Bergvogel und auf Felsen zu Hause. Er paßte sich jedoch dem Lebensraum des Menschen so gut an, daß er heute in Dörfern, Städten und den Zentren großer Metropolen – wenn es dort nur ein bißchen Grün gibt – ein alltäglicher Gast ist. Steine sind dem Vogel noch immer so unentbehrlich wie seinem Verwandten, dem Gartenrotschwanz, das Laub der Bäume. Das Männchen trägt einen rußfarbenen Mantel, der durch weiße Flügelflecken und den immer bewegten fuchsroten Schwanz betont wird. Gerne sitzt es auf Kaminen, ein Verhalten, das ihn zusammen mit dem rauchgrauen Federkleid wie einen kleinen Schornsteinfeger aussehen läßt. Man sieht es auch häufig auf Antennen, einem Dachsims oder einer Regenrinne sitzen.

Von seiner hohen Warte aus stimmt der Vogel einen monotonen, hastigen Gesang an: *jirr-titititi-krschch-tütititi,* wobei der schnarrende Mittelteil klingt als zerknülle man Papier. Den ganzen Frühling über kann man dieses Lied von der Morgen- bis in die Abenddämmerung hören. Im Sommer ertönt es seltener, während es im September wieder häufiger zu vernehmen ist. Westlich der Linie Stralsund-Salzburg ziehen die Hausrotschwänze auf die iberische Halbinsel, die Balearen und nach Afrika, wo sie allerdings die Sahara nicht überqueren, um zu überwintern. Östlich davon gibt es eine Mischzone, wo auch Tiere ins östliche Mittelmeergebiet fliegen. Ganz wenige, vor allem die der Städte und milder Gegenden, wie dem Niederrhein und der mecklenburgischen Ostseeküste, bleiben das ganze Jahr bei uns.

Auf dem Bild sieht man ein Pärchen und sein unter einem überstehenden Felsen gebautes Nest. Im allgemeinen wählen die Vögel jedoch einen geschützteren, kaum einsehbaren Standort.

Das Rotkehlchen

Erithacus rubecula

Das Rotkehlchen gehört zu den wenigen Vogelarten, die in unseren ländlichen Regionen den ganzen Winter hindurch ihr Lied ertönen lassen. Es ist ein unauffälliger Sänger, der unermüdlich kurze, perlende Phrasen moduliert. Seine nuancenreiche Stimme ist in ihren unvorhersehbaren Sprüngen schwer greifbar. So singt es manchmal nur wenige Schritte von uns entfernt, ohne daß wir darauf achten würden.

Auf den britischen Inseln ist das Rotkehlchen als Jahresvogel in Siedlungen und Gartenanlagen ebenso zu Hause wie in Wäldern und Hecken. Es erfreut sich im Vereinigten Königreich so großer Beliebtheit, daß es zum Landesvogel gewählt wurde. In den deutschsprachigen Ländern, wo das Rotkehlchen vor allem auf Friedhöfen und in Parks innige Beziehungen zu den Menschen geknüpft hat, wurde dieses liebliche Geschöpf zum Vogel des Jahrs 1992 gekürt. Man wollte damit auf einen Vogel aufmerksam machen, der tagein tagaus um uns herum zu finden ist, wenn ihn Grünflächen und Gärten zum Verweilen einladen.

Hinter der friedfertigen Erscheinung verbirgt sich ein ungeselliger Einzelgänger. Das Männchen duldet in seinem Revier, das es mit seinem Gesang verteidigt, kein anderes Individuum seiner Art. Selbst das Weibchen wird dort nur während der Brutzeiten akzeptiert. Seine orangrote Kehle und Brust soll abschrecken und von Annäherungen an das beanspruchte Territorium abhalten.

Richter ordnete über die ganze Höhe des Stiches einen blühenden Efeu an, dessen Grüntöne die komplementären Farben des Rotkehlchens zur Geltung bringt. Die Girlande, die der hungrigen Brut Deckung gibt, formt einen schmalen Rahmen mit Ausblick auf den luftigen, grünen Knospenschleier eines Buchenwäldchens im April.

Das Blaukehlchen

Luscinia svecica

Das Blaukehlchen hat die Größe und Silhouette seines Vetters, des Rotkehlchens, womit die Gemeinsamkeiten zwischen beiden aber schon erschöpft wären. Verhalten und Gesang der *Luscinia svecica* zeugen von einem anderen, zurückgezogeneren Wesen. Charakteristisch ist der durch schwarze und fuchsrote Federn betonte, in der Mitte mit einem silberweißen bzw. in einer äußerst kleinen, alpin brütenden Population auch rostroten Spiegel geschmückte, leuchtend blaue Brustlatz des Männchens und der kastanienbraune Schwanz mit der fuchsroten Wurzel, der im Frühling, wenn der Vogel Imponierhaltungen einnimmt, fächerartig entfaltet wird. Dabei stelzt der Vogel seinen Schwanz und stimmt kurze, perlende Phrasen an. Das Männchen hat auch einen kurzen Balzflug. Es wechselt dabei den Ansitz, streckt die Brust vor und stellt seinen Latz zur Schau.

In den meisten Teilen Deutschland unterliegt das Blaukehlchen immer noch einem absteigenden Populationstrend – in Schleswig-Holstein ist es als Brutvogel so gut wie verschwunden. Im Norden Bayerns hingegen wächst die Population vor allem in mit Röhricht und Büschen durchsetzen Gebieten. In Österreich kommt neben der weißsternigen Rasse auch die rotsternige vor, eine Unterart, die auch in Skandinavien zu finden ist und bei uns nur in den Hochlagen zuhause ist. 1976 wurde diese Unterart das erste Mal in Mitteleuropa brütend entdeckt, und es ist gelungen, diesen wichtigen Brutplatz im Hundsfeldmoor, im Bundesland Salzburg, dauerhaft zu schützen. Die Männchen dieser Unterart sind im Frühling an ihrem rostroten Spiegel zu erkennen. Bei den Weibchen ist die Kehle immer weißlich und von braunen Streifen eingerahmt. Nach Ablegen ihres durchgehend gestreiften Federkleids tragen auch die Jungtiere dieses Gefieder.

Die Nachtigall

Luscinia megarhynchos

Die Familie der Turdidae oder Drosseln hat die besten Sänger unter den Vögeln Europas hervorgebracht: Rotkehlchen, Nachtigall, Amsel und Singdrossel. Am berühmtesten ist die Nachtigall. Sie hat alles, was man zur Sangeskunst benötigt: ein rein und klar klingendes Tonregister, eine geschmeidige, vielseitige Stimme, die sie mit unvergleichlicher Virtuosität handhabt, melodischen Erfindungsreichtum, den sie auf etwa zwanzig niemals identische Strophen anwendet, die Einheit des Gesangs, indem sie bestimmte Motive wieder aufnimmt, eine einmalige Art, zwischen den Phrasen Pausen einzulegen und die gleiche Note, langsam und in lang gehaltenem, pathetischem Crescendo zu wiederholen. Ihr Eifer erlahmt nie: Tag und Nacht läßt sie von Mitte April bis Mitte Juni ihr Lied erschallen. Ihr instinktgebundener Gesang ist dabei niemals nur die Behauptung eines Individuums gegenüber anderen, sondern Ausdruck ihres Wesens.

Die Nachtigall lebt am Boden bzw. nahe dem Boden im Schutz des Dickichts, das sie nicht verläßt. Ihre Stimme trägt weit, sie selbst aber bekommt man selten zu Gesicht. Wer sie entdeckt, wundert sich, daß ein Vogel von so bescheidenem Äußeren mit einer so mächtigen Stimme ausgestattet ist. Doch gilt dies bei Vögeln fast als Regel: Je unauffälliger sie gekleidet sind, desto prächtiger ihr Gesang.

Das Nest wird am Boden angelegt und in niedriger Vegetation, abgefallenem Laub, Brombeersträuchern oder Brennesseln sorgfältig verborgen. Auf dem Druck ist es zur Hälfte durch ein Kreuzlabkraut, eine am Waldrand wachsende Kletterpflanze, getarnt. Das Weibchen brütet, während das Männchen beim Anblick eines Hauhechelbläulings in seinem Gesang innegehält.

Die Heckenbraunelle

Prunella modularis

Der Heckenbraunelle schenkt niemand Beachtung, selbst im Garten übersieht man sie gerne. Sie ist ein kleiner, fahler Vogel mit schwarz gesprenkelter, rotbrauner Oberseite und schiefergrauer Kehle und Brust. In Alleen kann man sie herumhüpfen und gleich wieder im Schutz der Bäume verschwinden sehen. Sie verhält sich so unauffällig, so zurückhaltend, daß man sich fragt, ob sie wirklich bei uns zu Hause ist und sich nicht etwa hierher verirrt hat. Der Gesang ähnelt dem des Zaunkönigs, ist aber schwächer, kürzer und ohne Triller. Ihre Stimme ist so hoch, ihr Vortrag so hastig, daß man das Lied kaum wahrnimmt. Der Vogel ist überall Tischgenosse des Menschen, bleibt seinem Geburtsort sehr treu und fehlt im Gebiet als Brutvogel nur in der südlichen und östlichen Steiermark und dem gesamten Südburgenland. Im Winter dann leistet die Heckenbraunelle nur den Bewohnern der deutschen Nordseeküste, des Mittelrheins und des Bodensee-Gebietes Gesellschaft, und auch die Süd- und Süoststeiermark sieht nun diese Geschöpfe.

Die Heckenbraunelle kommt auch gut mit Lebensräumen in der freien Natur zurecht, vorausgesetzt, sie findet dort Unterholz, Brombeersträucher und Hecken vor. Das bescheidenste Buschwerk reicht ihr aus, um nahe dem Boden ein gut verstecktes Nest zu bauen. Immer wieder ist man überrascht, darin die vier oder fünf blaugrünen bzw. türkisfarbenen Eier zu entdecken. Nicht selten ist da eines, das nicht zu den anderen paßt, denn die Heckenbraunelle gehört zu den Vogelarten, die unter dem parasitären Brutverhalten des Kuckucks zu leiden haben.

Auf dem Druck sieht man einen roten, auf Nadelbäumen gedeihenden Pilz. Er wurde dort plaziert, um einen Kontrast zu dem unauffälligen Aussehen der Vögel zu schaffen.

Die Dorngrasmücke

Sylvia communis

Keine andere Grasmücke verhält sich so auffällig wie das Dorngrasmückenmännchen zur Frühlingszeit in seinem Revier. Die übrigen Vertreter der Gattung pflegen ihren Gesang aus der Deckung des Blätterdickichts anzustimmen. Wenn die Dorngrasmücke ihr ausgelassenes Liedchen ertönen läßt, schnellt sie sich einige Meter über einen Busch hoch und läßt sich nach einer Pirouette in der Luft wieder fallen. Auf diese Weise kombiniert sie einen akustischen mit einem visuellen Effekt. Da der ausgesprochen rege Vogel unaufhörlich in Bewegung ist, bekommt man ihn nur für kurze Momente zu Gesicht, wenn er flink durch Hecken oder das Dickicht schlüpft. Seine Stimme aber hört man fast ohne Unterlaß aus dem Grün sprudeln. Kommt man in allzu große Nähe des Nestes, suchen sich Männchen und Weibchen einen Ansitz, auf dem sie gut zu sehen sind, und machen sich daran, den Eindringling zu beschimpfen.

Die Dorngrasmücke fühlt sich von den Grasmückenarten, die in Mitteleuropa allgemein verbreitet sind, am wenigsten auf Bäumen wohl. Sie quartiert sich lieber in niederem Buschwerk, jungem Niederwald, Ginstergestrüpp, Heidekraut, Dornenhecken, ja sogar in Luzernen-, Klee- oder Rapsfeldern ein. Im allgemeinen baut sie ihr Nest dicht am Boden, wo sie es gut im Geflecht von Gräsern und Zweigen versteckt und im Normalfall zwei Mal im Jahr brütet. Ende Juli setzt bereits die Zugsaison ein, die bis Herbstbeginn andauert. Die Grasmücken ziehen dann nach Afrika, wo sie im Süden der Sahara auf den heißen Savannen des schwarzen Kontinents den Winter verbringen.

Der Druck zeigt ein Grasmückenpärchen auf einem Brombeerstrauch, wo sich auch ein Admiral eingefunden hat.

Die Mönchsgrasmücke

Sylvia atricapilla

An den ersten warmen Tagen belebt das aus voller Kehle angestimmte, klare, muntere Lied der Mönchsgrasmücke die Kleingärten bis hinein ins Herz der Städte. Aus zwei Teilen bestehend, setzt es mit einem schnellen, abwechslungsreichen, schwatzenden Vorgesang ein, um mit einer kräftig geschmetterten Strophe zu schließen. Im März und April, sowie das Männchen ein Revier in Besitz genommen hat, kann man diesen Gesang vernehmen. Mit dem Vorrücken der Brutsaison, wenn das Weibchen sich dem Männchen anschließt und eines seiner roh gearbeiteten Nester zur Brut auswählt, hört man nur noch die Finalstrophe.

Das fragile Nest der Mönchsgrasmücke bildet einen aus trockenen Stengeln und Würzelchen geformten Korb, der ein oder zwei Meter über dem Boden geschützt in einem Efeu, einem Holunder, einer Traubenkirsche oder Nadelbäumchen untergebracht wird. Kaum haben die Jungen ihr erstes Gefieder angelegt, springen sie bei der geringsten Beunruhigung aus dem Nest und verstecken sich im Dickicht. Um die Aufmerksamkeit eines Störenfrieds abzulenken, führen die Altvögel beeindruckende Pantomimen auf, schleppen sich mit ausgebreiteten Flügeln am Boden dahin oder lassen sich zuckend von einem Ast fallen. Das so inszenierte Ablenkungsmanöver ist im allgemeinen von Erfolg gekrönt.

Die Mönchsgrasmücke stellt unter den Grasmücken die geringsten Ansprüche an ihren Lebensraum. Jede baum- und buschbestandenene Landschaft sagt ihr zu – von den Niederungen bis in 2.000 m Höhe. Sie kommt überall häufig vor, sogar recht gerne in den immergrünen Büschen der Großstadtparks.

Auf einem blühenden Weißdorn singt ein Männchen, während ihm das Weibchen lauscht.

Die Provencegrasmücke

Sylvia undata

Wie der Name schon verrät kann man die Provencegrasmücke vor allem in Frankreichs Süden antreffen, allerdings auch im Nordwesten des Landes, der Iberischen Halbinsel, einigen Mittelmeerinseln, Italien, dem afrikanischen Norden und in Großbritannien. Sie lebt sehr zurückgezogen. Es braucht daher Geduld, um sie aufzuspüren. Aufgeregte Rufe – *tschär-tträk...* – verraten uns, daß sie sich verstohlen im engen Geflecht der Zweiglein bewegt. Für einen kurzen Augenblick sieht man einen winzigen dunkelbraunen Vogel mit weinroter Brust und langem, aufgestelltem Schwanz. Dann verschwindet sie wieder. Französisch heißt der Vogel *Pitchou,* ein Wort aus dem Okzitanischen, das gerne für alles, was klein ist, als Beiname verwandt wird.

Die zurückgezogene Existenz der Provencegrasmücke, die in Frankreich größtenteils Jahresvogel, aber teilweise in England Zugvogel ist, wird vom Klima bestimmt. So spielen für ihre Verbreitung die Wintertemperaturen eine entscheidende Rolle. Im Prinzip sind die Vögel nur in Gebieten westlich und südlich einer Linie anzutreffen, die den Isotherm 3° C, d. h. die Schwelle zu einem Januarmittel von unter 0° markiert. In harten Wintern schmilzt ihr Bestand dahin, da sie nicht mehr an die kleinen Gliederfüßer herankommen, die ihre Hauptnahrung bilden. Mancherorts kann ein mehrere Jahre dauerndes Verschwinden der Art die Folge sein. Doch in milden Winter besiedeln die resistenten Kernpopulationen die verlorenen Gebiete aufs Neue.

Die Provencegrasmücke bleibt von derartigen Fluktuationen auch auf den Britischen Inseln nicht verschont, wo die Art im Süden Englands die nördliche Grenze seiner Verbreitung in Europa erreicht. Gould zeigt uns ein Pärchen auf einem blühenden Stechginster. Das Männchen sitzt oben.

Der Drosselrohrsänger

Acrocephalus arundinaceus

In der geschlossenen Welt des Schilfröhrichts reicht der Blick nur wenige Meter weit. Dort beheimatete Vögel verzichten darauf, sich zu zeigen – sie kommunizieren durch Rufe und Gesänge. Solche akustischen Signale bieten die beste Orientierung, wenn man im Schilf Rohrsängern nachspürt. Ihre größte Art ist der Drosselrohrsänger. Er hat die Größe einer Singdrossel und eine schmetternde Stimme. Wie seine Verwandten ist er ein hundertprozentiger Zugvogel und verbringt acht von zwölf Monaten im tropischen Afrika. Sein Ruf *karra karra kiri krekre...* ist klangvoll und weitreichend. Er tönt zum ersten Mal über Sümpfe, Teiche und Seen, wenn die jungen Schilftriebe sprießen. Der Drosselrohrsänger flicht wie sein Verwandter, der Teichrohrsänger, aus Blättern und Blütenständen des Schilfrohrs ein tiefes, mit Pflanzenfasern und Federn ausgelegtes Nest, das er dicht über dem Wasser an drei oder vier Stengeln befestigt. Das brütende Weibchen und die Küken lassen sich darin vom Winde wiegen.

Das Trockenlegen von Feuchtgebieten zur Gewinnung landwirtschaftlicher Flächen hat fast immer ein Verschwinden des Röhrichts zur Folge. Mit ihm verschwinden auch die auf diesen Lebensraum spezialisierten Rohrsänger und Schwirle. Der Drosselrohrsänger ist dadurch am meisten bedroht, da er sich ausschließlich auf großen Röhrichtflächen (ein Pärchen benötigt im Durchschnitt ein Hektar Schilf) niederläßt. Im deutschsprachigen Teil Mitteleuropas sucht er am liebsten die Schilfgebiete von Mecklenburg-Vorpommern und den Schilfgürtel des Neusiedlersees auf, deren Populationen auf ungefähr 1.500 bzw. 8.000 Paare (österreichischer Teil) geschätzt wird.

Auf dem Bild singt ein Drosselrohrsänger auf einem Rohrkolben, der aus blühenden Binsen ragt.

Der Sumpfrohrsänger

Acrocephalus palustris

Rohrsänger gehören zur Familie der Grasmücken, leben allesamt am Wasser und werden als eigenständige kleine Gruppe geführt. Sie tragen ein unauffälliges braunes Gefieder mit leichtem Olivton und sehen einander so ähnlich, daß sich manche Arten nur an der Stimme unterscheiden lassen. Sumpfrohr- und Teichrohrsänger gleichen sich so sehr, daß man lange Zeit unsicher war, ob es sich nicht um ein und dieselbe Spezies handelt. Gould beschäftigte sich noch 1872 mit dieser Frage und schrieb zu dem Thema: „Niemals habe ich meine Feder ergriffen, um über einen ornithologischen Sachverhalt zu schreiben, dessen Problematik mir so bewußt gewesen wäre wie im vorliegenden Fall."

Nachdem sie den Winter in Afrika verbracht haben, lassen sich Sumpf- und Teichrohrsänger wieder in Europa nieder, wo man sie in denselben Regionen antrifft. Die beiden Arten besiedeln jedoch unterschiedliche Lebensräume. Sumpfwiesen, in denen Geißbart sowie andere dickstengelige Sumpfpflanzen, Brennesseln, Korbweiden und feuchtes Dickicht gut gedeihen, bilden das typische Habitat des Sumpfrohrsängers. Der Teichrohrsänger nistet dagegen, wie schon sein Name ankündigt, im Uferröhricht der Teiche. Dort läßt er bei Tag und bei Nacht seinen Gesang ertönen – nicht mehr als ein mühsames Gebrabbel, in das einige flüssige Noten eingeflochten sind. Der Sumpfrohrsänger gibt ein melodischeres Lied zum Besten, das abwechslungsreicher ist und flötende Stimmlagen beinhaltet. Nachahmungen vieler anderer Vögel sind darin zu einem lebhaften, lustigen Potpourri zusammengemischt.

Den Druck ziert ein Blutweiderich, dessen schöne Ähren an stillen Teichen und langsam fließenden Flüssen aus dem Pflanzengewirr ragen.

Der Zilpzalp

Phylloscopus collybita

Laubsänger sind die Elfen des Blätterwaldes. Ihr Name bringt wie die wissenschaftliche Bezeichnung *Phylloscopus,* die übersetzt etwa „Baumerkunder“ lautet, Wesentliches über die Lebensweise der Tiere zum Ausdruck.

Die nur wenige Gramm schweren Singvögel tragen ein gelbgrünes Gefieder, sind ständig aktiv und suchen in der Baumvegetation nach Mücken, Blattläusen und Insektenlarven. Vier Arten, die alle Zugvögel sind, bevölkern regelmäßig in der warmen Jahreszeit Mitteleuropa. Eine Art – der Zilpzalp – versucht sogar immer wieder, im Westen der Schweiz und im Bodenseegebiet zu überwintern.

Da sie sehr winzig, ständig in Bewegung und einander so ähnlich sind, ist es fast unmöglich, Laubsängerarten visuell zu unterscheiden. Man erkennt sie besser an ihrem Gesang: Einem kundigen Ohr wird der Zilpzalp nicht entgehen, wenn er im März zu singen beginnt. Der Vogel gibt ein sehr rhythmisches, wiederholtes *zilp-zelp-zalp-zilp* von sich, wobei sich das *zilp* von den anderen Silben durch seine schrillere Klangfarbe abhebt. Dieser Singsang, der dem Vogel seinen Namen gab, wird vom Männchen fröhlich und unermüdlich angestimmt, wenn es nach den kleinen Fliegen schnappt.

Das Zilpzalp-Weibchen baut wie alle Laubsänger am Boden oder in Bodennähe ein gut verstecktes, kugelförmiges Nest mit seitlichem Eingang. Dort brütet es allein in zwei Wochen sechs Eier aus, von denen eines kaum mehr als ein Gramm wiegt. Zwei Wochen nach dem Schlüpfen verlassen die Jungen das Nest, und nach einer weiteren Woche gehen sie ihrer eigenen Wege. Die Art brütet in allen Landesteilen, wo sie allerdings nur spärlich an der Nordseeküste, in den echten Hochlagen der Alpen und den baumarmen Niederungen Ostösterreichs in Erscheinung tritt.

Das Wintergoldhähnchen

Regulus regulus

Wintergoldhähnchen und Zaunkönig werden häufig in einen Topf geworfen. Doch sind die beiden Singvögel in keiner Weise verwandt und haben außer ihrem kleinen Körperwuchs nichts gemeinsam. Mit nur sechs Zentimetern ist das Wintergoldhähnchen sogar noch winziger als der Zaunkönig und der kleinste europäische Vogel überhaupt. „Es hat eine schöne Krone oder Haube auf dem Kopf. Sie ist von goldgelber Farbe, in die sich ein safranähnliches Rotgelb mischt, und brachte ihm in der Antike den pompösen Titel *Regulus* (kleiner König) ein. Wenn es will, kann es diese Art Haube völlig verbergen, indem es die Stirn in Falten zieht und das seitliche Gefieder darüberklappt." Eine korrekte Beobachtung dieses anonymen Verfassers aus dem 18. Jahrhundert.

Der einzige Farbtupfen am Federkleid dieses Zwerges ist seine Krone, die im allgemeinen am Kopf angelegt und unsichtbar bleibt, jedoch zu einem Federbusch aufgerichtet wird, wenn den Vogel etwas beunruhigt oder verwundert ist. In seinen Verhaltensweisen gleicht er den Laubsängern. Wie sie ist er in den Bäumen zu Hause, wo er von Zweig zu Zweig schwirrt und unter ständigen Positionswechseln Rinde und Moos der Stämme erkundet. Im Winter durchstreifen die Vögel auf ihrer Suche nach Insekten und kleinen Waldschnecken das Unterholz. Das Wintergoldhähnchen bevorzugt dabei die Nadel-, darunter vor allem die Fichtenwälder, denen es bis zur Waldgrenze folgt. Im Flachland trifft man es auch in Laubnadelmischwäldern an, während es in den nadelbaumarmen Gebieten der Nordseeküste und dem Osten Österreichs nahezu völlig fehlt.

Auf dem Bild sieht man Exemplare, die Fichtenzweige mit männlichen Zapfen inspizieren.

Die Bachstelze

Motacilla alba

Stelzen und Pieper sind Bodenvögel und bilden eine Singvogelfamilie, die sich durch lebhafte Geh- und Laufbewegungen auszeichnet. Von den drei Stelzen-Arten, die Mitteleuropa bevölkern, ist die Bachstelze der häufigste Brutvogel. Sie ist überall in den ländlichen Regionen entlang von Wasserläufen, denen sie bis in die Wohngebiete folgt, eine bekannte Erscheinung. Ihr Gefieder wird von nüchternen Grau-, Weiß- und Schwarztönen dominiert. Es stellt sich im Winter aus einen makellos weißen Latz mit nicht weniger weißen Wangen und einem aschgrauen Mantel zusammen. Die Bachstelze ist Teilzieherin und überwintert in geringer Zahl im atlantisch beeinflußten Westen Mitteleuropas, während sich der Rest der Population nach Südwesteuropa, Marokko und Algerien begibt.

Die britische Unterart zeigt ein dunkleres Gefieder als die Bachstelzen des europäischen Kontinents, und der Rücken des Männchens ist ausgeprägt schwarz. Man nennt diese Unterart daher auch „Trauerbachstelze". Den wissenschaftlichen Namen *Motacilla (alba) yarrellii* gab ihr Gould 1837 zu Ehren seines Freunds William Yarell, der zu der Zeit Sekretär der Zoological Society in London war. Er begann gerade damit, seine *History of British Birds* (1837–1853) zu veröffentlichen, das für eine Generation englischer Ornithologen zum Nachschlagewerk par excellence werden sollte. Die britischen Bachstelzen überwintern regelmäßig im Westen Frankreichs, tauchen aber gelegentlich auch in mitteleuropäischen Regionen auf.

Auf diesem gelungenen Druck von Gould und Richter hält unter einem blühenden Kleinen Wintergrün ein Bachstelzenpärchen ein Tête-à-tête ab, wobei es dem indiskreten „Blick" eines Tagpfauenauges ausgesetzt ist.

Die Schafstelze *Motacilla flava*

Die Schafstelze ist die Zierde der von Sumpfdotterblumen überwucherten Feuchtwiesen, eine kleine, hübsche Schäferin, die durchs Gras trippelt und das Vieh umflattert. Von den drei europäischen Stelzenarten ist sie die einzige, die den Kontinent im Winter verläßt. Ab September geht sie auf Wanderung, um die kalte Jahreszeit im Süden der Sahara zu verbringen, von wo sie erst im Frühling wieder zurückkehrt. Das Männchen erkennt man an dem blaugrauen Kopf und weißen Überaugenstreif. Auf den Weideflächen, wo es sich in der Brutzeit einquartiert, kann man es oft auf Sauerampferstengeln sitzen sehen. Sein Gesang ist etwas flüchtig und eine Folge einfacher Töne, aus denen sich ein wohlklingendes, melodisches – *psüjip* – abhebt, das es auch als Ruf vernehmen läßt.

Die Art pflanzt sich in verschiedenen Unterarten, die durch das Kopfmuster der männlichen Tiere differenziert werden, im Großteil der Alten Welt vom Norden Afrikas über ganz Europa bis Nordasien fort. In Deutschland ist die Unterart mit graublauem Kopf als Brutvogel am weitesten verbreitet. An der Küste des Ärmelkanals nistet vereinzelt die *Motacilla flava flavissima*, die Englische Schafstelze, deren Kopf gelb ist. Im äußersten Südosten des Gebietes findet sich die vorderasiatische Unterart, die eine kohlschwarze Haube trägt. Die nordöstliche Ecke Deutschlands wird hingegen manchmal von der sehr ähnlichen nordeuropäischen Variante heimgesucht.

Die Blume, die den Druck schmückt, ist der Fieberklee, wissenschaftlich *Menyanthes* genannt.

Der Wiesenpieper *Anthus pratensis*

„Der Wiesenpieper gehört zu den zahlreichen ‚grauen Mäusen‘ unter den Vögeln, die zwar vielerorts zu finden sind, [...] aber in ihrem Aussehen und ihrer Lebensweise scheinbar so wenige Besonderheiten aufweisen, daß sie oft nur am Rande registiert werden“, heißt es in der Neuen Brehm-Bücherei. Dabei ist der Balzflug des Männchens, welcher es etwa 30 m in die Luft hinaufträgt und ohne Flügelschlag wieder hinabgleiten läßt, recht offensichtlich. Der Ruf – *ist-ist-ist* – begleiten dabei das Treiben, bis das Männchen nahe dem Gras- oder Binsenbüschel niedergeht, den sich das Paar als Nistplatz auserwählt hat.

Der Wiesenpieper bevölkert Torfmoore, Heidelandschaften und Feuchtwiesen. Bäume sind ihm entbehrlich. Benötigt er einen Ansitz, reicht ihm ein Zaunpfahl oder Busch aus. Er unterscheidet sich darin von seinem „Zwillingsbruder“, dem Baumpieper, der Bäume als Singwarte bevorzugt. Dennoch leben beide Arten am Boden, wo sie auf der Suche nach Nahrung mit trippelnden Schritten durchs Gras schlüpfen und ihr Nest verbergen.

In der warmen Jahreszeit sind Baum- und Wiesenpieper Insektenfresser. Während der Baumpieper aber zu großen Wanderungen fähig ist und den Winter in den Baumsavannen des tropischen Afrikas verbringt, stellt sich der Wiesenpieper in den kalten Tagen auf vegetarische Nahrung um. Letzterem reichen dann auch schon die Mittelmeerländer und Vorderasien als Überwinterungsgebiete.

Die Feldlerche *Alauda arvensis*

Die Lerche wäre ein unscheinbarer Feldvogel mit erdfarbenem Gefieder, würden ihre Stimme und ihr klangvoller Name nicht das Ohr verzaubern. Ihr Lied ergießt sich wie eine wohlklingende Kaskade vom Himmel. Mitten im Flug gibt es der Vogel zum Besten, als würde er von seinem Jubilieren in die Lüfte getragen. „Letzte Glut des Himmels und erstes Feuer des Tages" nannte der Dichter René Char die Feldlerche, die er sicherlich nicht als letzter in Versen gefeiert hat. Alle zu nennen, die es vor ihm getan haben, würde viel Zeit in Anspruch nehmen. Gould wollte ein Jahrhundert zuvor für England darauf verzichten, in der Meinung, daß „die Gedichte und die Verse zu diesem Thema nahezu unzählbar sind und die meisten mit viel Gefühl und außergewöhnlicher Schönheit im Ausdruck verfaßt wurden". Und führt dann doch Chaucer, Spencer, Shakespeare, Burns, usw. an. Wie kommt es, daß ein so winziger und in seiner Erscheinung so unauffälliger Vogel die Menschen so sehr anrührt? Vielleicht liegt die Antwort in diesem Ausspruch eines Indianerhäuptlings verborgen: „Ohne die anderen Geschöpfe wäre der Mensch ganz allein auf der Erde".

Eine Lerche in Naturgröße auf ein Seitenformat Folio imperial (40 x 56 cm) zu bannen, muß eine undankbare Aufgabe für jemand gewesen sein, der zur selben Zeit an der ersten illustrierten Kolibri-Monographie arbeitete. Das Bild – im Stil der Interieurszenen-Malerei gehalten – ist dennoch unbestreitbar gelungen. Überrascht ist man allerdings, daß darauf ein Johanniskraut abgebildet wurde, ein Lippenblütler, der unter Gehölz viel häufiger vorkommt als auf freiem Feld.

Die Haubenlerche *Galerida cristata*

Es gibt nicht nur eine Feld-, sondern auch eine Stadtlerche. Sie, die trockenes Gelände mit viel kahlem Boden schätzt und eine Vorliebe für Straßen und Wege entwickelte, wo sie in Pferdeäpfeln reichlich Körnernahrung fand, folgte den Verkehrsverbindungen und gelangte so in die Städte. Heute ist die Haubenlerche ein Stammgast in den Vorstädten, auf Bauland und den Parkplätzen großer Einkaufszentren. Doch bleibt sie auch ihrem ursprünglichen Lebensraum treu, den Gras- oder Trockenebenen, Dünen, steinige Hügel oder Steppen bilden. Allerdings befindet sie sich überall in Mitteleuropa außerhalb von Siedlungsgebieten auf dem Rückzug.

Wie jede richtige Lerche stimmt auch das Haubenlerchenmännchen von Zeit zu Zeit am Himmel sein Lied an, wobei es Kreise zieht. Anders als bei der Feldlerche ist für die Haubenlerche der musikalische Höhenflug jedoch kein Muß. So wiederholt sie ihre kurzen Phrasen, in denen die flüssigen Töne ihres Rufs – *dididrië... djui* – eingeflochten sind, auch auf dem Erdboden oder von einem niedrigen Ansitz aus.

Haubenlerchenpärchen geben sich wenig Mühe, ihr Nest zu verbergen, und bringen es einfach in einer Bodenmulde unter. Das Weibchen ordnet darin Pflanzenfasern, in Gewerbegebieten auch Papierfetzen an – eine Verhaltensweise, die für Gould und Richter 1866 unvorstellbar war. Überdies fehlt die Art auf den Britischen Inseln, was für die makellose Komposition allerdings ohne Folgen blieb. Sie zeigt eine auf trockenen Böden gedeihende Acker-Vergißmeinicht und die sehr breiten, auf der Unterseite fahl braunroten Flügel des Vogels, an denen er im Flug am besten zu erkennen ist.

Die Heidelerche

Lullula arborea

Die Heidelerche gehört zu den Vögeln, die zuerst durch ihr Lied auffallen, denn noch ehe man sie zu Gesicht bekommt, hört man sie. Der klare Gesang, dem sie die lateinische Bezeichnung *Lullula* verdankt, ist wie musikgewordener Tau, ein im Flug gespendeter, ungreifbarer Regen aus fließenden Tönen, der heitere Gelassenheit verbreitet. Man hört ihn, ohne zuzuhören, ohne zu wissen, woher er kommt und wer ihn anstimmt, und noch bevor man ihn wirklich wahrnimmt, wird man von innerer Ruhe erfaßt. Der Komponist Olivier Messiaen, der sich viel vom Gesang der Vögel inspirieren ließ, war ein eifriger Beobachter dieser Tiere. Er hat die Melodie der Heidelerche auf ergreifende Weise interpretiert.

Die Heidelerche ist kleiner als die Feldlerche und unterscheidet sich von ihr auch durch den kurzen Schwanz, den im Nacken zusammenlaufenden Überaugenstreifen und die weißschwarze Zeichnung am Flügelbug. Die stark verlängerte, fast gerade Kralle der Hinterzehe, die auf dem Bild deutlich zu sehen ist, stellt dagegen eine Eigenheit aller Lerchen dar und zeugt von ihrer Anpassung an das Leben auf dem Boden. Im Gegensatz zu den übrigen Arten läßt sich die Heidelerche gern auf Bäumen nieder. Deshalb hat sie ihre stabilsten Bestände in Mecklenburg-Vorpommern und Brandenburg, wo sie sich in leicht bewaldeten Heidelandschaften, mageren Weideflächen oder sonnenbeschienenen Brachen mit aufgelockerter Vegetation wohl fühlt. Neuerdings tritt sie häufig auch auf aktiven oder ehemaligen Truppenübungsplätzen auf, wo Störungen und Gelegeverluste kaum ausbleiben. Musikalisch ist die Heidelerche fast das ganze Jahr aktiv und schweigt nur drei Monate im Sommer und einen im Winter. Selbst die Nacht bringt sie nicht zum Verstummen, und man kann ihren Gesang bei Mondschein hören.

Der Ortolan

Emberiza hortulana

„Er ist ein sehr fetter Vogel. Sein gebratenes Fleisch ist zart und delikat, saftig und von so auserlesenem Geschmack, daß es bei den Hohen Herren zu Tische sehr gesucht ist.“ Diese Sätze stammen von 1775 und haben in Frankreich noch immer Gültigkeit. Jedes Jahr werden dort 50.000 Exemplare des 15 cm großen Ortolans gefangen, obwohl die Art offiziell geschützt ist. Die französische Vogeljagd hat auch Auswirkungen auf unsere, ohnehin durch Lebensraumverlust dezimierten Bestände. Naturschutzorganisationen versuchen die Populationen des Ortolans mit Erhalt und Ankauf von alten Streuobstwiesen sowie Weinberg- und Heckenlandschaften zu retten. Die letzten größeren Bestände in den deutschsprachigen Teilen Mitteleuropas befinden sich nur noch im Nordosten Niedersachsens, Sachsen-Anhalt und Franken, Der Druck zeigt ein Ortolanpärchen auf einem Sauerdorn.

Die Goldammer

Emberiza citrinella

Der Ruf, den der Ortolan als Speisevogel genießt, erstreckt sich nicht auf die übrigen Ammern. Als einziger Zugvogel unter den Ammern, sammelt nur er während des Herbstes in seinem Körper das zarte Fett an, das ihm zum Verhängnis wird. Diese Energiereserve benötigt er, um nach Afrika zu gelangen. Die Goldammer und die vier anderen in Mitteleuropa brütenden Arten hingegen zieht es nicht in die Ferne.

Ammern sind keine großen Sänger. Ihr Lied besteht aus einem monotonen Refrain, den die Männchen auf einem erhöhten Ansitz von sich geben. Den Gesang der Goldammer, der wie *tsi-tsi-tsi-tsi-hi-tiih* klingt und dessen Tonfolge man sich mit dem Satz „Oh wie hab' ich dich lieb” merken kann, gehört zum typischen Klanginventar der offenen Feldflur. Er ertönt von Februar bis Juli-August in ganz Mitteleuropa.

Der Haussperling

Passer domesticus

„Lassen Sie mich die Frage stellen: Wenn England seine kecken Spatzen nicht mehr hätte, wäre es dann noch England? Was der Hund unter den Vierbeinern, das ist der Sperling unter den Vögeln. Denn er ist den Menschen ein treuer Begleiter." Der Haussperling ist zweifellos der Vogel, der die engste und älteste Beziehung zu unserereins unterhält. Doch anders als echte Haustiere hat er seine Unabhängigkeit nie preisgegeben. Wagemutig und vorsichtig zugleich findet er überall Zugang, wo es ein paar Reste aufzupicken gibt, und dringt notfalls sogar in Häuser ein. Mit der Vertraulichkeit ist jedoch sofort Schluß, wenn man ihn aufstöbert. Jahrtausende geht das schon so, seit dem Auftreten der ersten ackerbauenden Völker, denen er sich wohl wegen seiner Vorliebe für Getreide anschloß. Danach folgte er dem Menschen, wo immer er Neuland eroberte. Die Anziehung, die der *Homo sapiens* auf Sperlinge ausübt, ist so unumschränkt, daß sie von ihm aufgegebene Dörfer verlassen und sich mit ihm auf den Weg machen, wenn er neue Landstriche erschließt.

Mit Hilfe unserer Verkehrsmittel gelang es dieser Vogelart indoeuropäischer Herkunft, sich in Süd- und Nordamerika niederzulassen. Siedler brachten ihn nach Australien, Neuseeland und Südafrika. Seit kurzem ist er auch in Westafrika zu Hause, wohin Schiffe vom südlichen Ende des Kontinents einige Exemplare brachten. Bald wird man von unserem ganzen Planeten sagen können, daß er ohne Spatzen nicht wäre, was er ist.

Das Sperlingsnest bildet eine unordentliche Kugel aus Strohhalmen und trockenen Gräsern. Der Vogel baut es an allen nur denkbaren Plätzen, am liebsten aber auf Gebäuden. Nur selten bringt er es dagegen, wie auf dem Druck abgebildet, in einer Platane unter.

Der Buchfink

Fringilla cœlebs

Buchfinken, die zu den zehn häufigsten europäischen Brutvögeln zählen, trifft man überall und zu jeder Jahreszeit an. In Mitteleuropa kommen sie in allen Ländern bis hin zur Baumgrenze vor und sind zumindest in den niederen Lagen auch im Winter teilweise präsent. Allerdings weisen Finken je nach Jahreszeit grundlegend verschiedene Verhaltensweisen auf. Im Herbst und Winter sind sie gesellig und bevölkern in gemischten Schwärmen offene Lebensräume. Im Frühling wechseln sie in den Wald über und nehmen dort Reviere in Besitz. Auch die Ernährung ändert sich, und aus dem am Boden lebenden Vegetarier wird ein Insektenfresser, der im Blätterwald auf die Jagd geht.

Nachdem sie ihr Revier bezogen haben, beginnen die Männchen im März und April mit ihrem Gesang. Er ist eine rhythmische, in Stufen abfallende Strophe, die zu jeder Maiwanderung im Buchenwald gehört und bis zu 400 Mal in der Stunde während jeder Tageszeit vom ein und demselben Vogel wiederholt werden kann. Buchfinken fühlen sich in allen Typen von Nadel- und Laubwäldern, Gehölzen und Parks wohl, die ihnen Bäume von mindestens 5 m Höhe bieten. Das vom Weibchen solide gebaute, napfförmige Nest wird in einer Astgabelung oder am Stamm untergebracht und sorgfältig mit Flechten getarnt. Das Ausbrüten der vier bis fünf Eier dauert etwa zwölf Tage. Die Aufzucht der Jungen, die mit Insekten gefüttert werden, benötigt fünf weitere Wochen, von denen sie zwei im Nest verbringen. Im Sommer verstummen die Finken und mausern sich. Dann ziehen sie in Schwärmen umher, kehren aber im nächsten Jahr meistens punktgenau zum letztjährigen Neststandort zurück.

Die Abbildung illustriert ein Finkenpaar auf einem wilden Apfelbaum. Das Männchen sitzt auf der linken Seite.

Der Bergfink

Fringilla montifringilla

Um ein Bergfinkennest zu sehen, begab sich John Gould nach Norwegen. Eine ähnliche Reise dürfte vor sich haben, wer in Deutschland oder Österreich Liebhaber dieser Art ist. Denn nur in Skandinavien, Finnland, Litauen und im Norden Rußlands pflanzt sich dieser Vogel fort, der gerne an Waldrändern in Nadelbäumen und Birken nistet. Sein napfförmiges Nest besteht aus Wurzeln und Pflanzenfasern, ist sorgfältig konstruiert und mit Birkenrindenstücken getarnt. Der Druck enthüllt uns ein weiteres interessantes Detail, das sein Zeichner im hohen Norden beobachten konnte. Das Weibchen verbirgt beim Brüten die Hälfte seines Körpers unter Federn, die vom abgeworfenen, weißen Winterkleid des Schneehuhns stammen und von den Bergfinken aufgelesen werden.

Im Hochzeitsstaat – schwarzer Kopf und Mantel –, den es im Vordergund des Drucks zur Schau stellt, trifft man das Bergfinkenmännchen bei uns nicht an, sondern nur im Winterkleid, das im Hintergrund abgebildet ist. An seiner orangefarbenen Brust und dem weißen Hinterrücken kann man es von den Weibchen unterscheiden, wenn sich die Vögel ab Oktober zu riesigen Schwärmen formieren. Legionen von Bergfinken breiten sich dann über ganz Mitteleuropa aus.

Der kollektive Instinkt bringt sie auf ihren Zügen zu den Lebensräumen, in denen sie im Winter überleben können: Buchenhainen und schneefreien Unkrautfluren bzw. abgeernteten Feldern, wo sie sich von Körnern und Bucheckern ernähren können. Je nach Zustand der Buchen können sich Millionen Exemplare in einem Wäldchen versammeln und ein beeindruckendes Schauspiel bieten, wenn sich die am Tag zerstreute Schar nachts an einem gemeinsamen Schlafplatz – meist die Bäume eines abgeschiedenen Tals – versammelt.

Der Distelfink oder Stieglitz

Carduelis carduelis

Schon der Name dieses kleinen Sperlingsvogels verrät, welch große Schwäche er für dornenbewehrte Pflanzen hat. Auf dem Druck sehen wir ein Pärchen bei einer Weberkarde, deren bevorzugter Standort Brachflächen sind. Diese Pflanze bildet mit ihren paarweise am Stengel angeordneten, am Grund miteinander verwachsenen Blättern kleine Regenwasserreservoirs, zu denen Hänflinge und Distelfinken auch zum Trinken kommen. Mit ihren spitzen Schnäbeln fällt es den Distelfinken leicht, die dornigen Blütenköpfe abzusuchen und aus ihnen die Samen herauszuziehen. Diese Distel bietet ihnen also beides: Speis und Trank.

Gesellig, flink und immer in Bewegung schweifen die Vögel, kleine, geschäftige Trupps bildend, in wellenförmigem, unstetem Flug umher, immer bereit, unter dem Prasseln fröhlicher Rufe – das dem zweiten Namen Pate stehende *...stieg-e-litz...* – das Weite zu suchen. Am Sommerende führen diese Schwärme, die nun von diesjährigen Jungvögeln verstärkt werden, mit ihren schwarzgelben Flügeln über den abgeernteten Feldern einen zuckenden Tanz auf. Der Distelfink ist wegen seines bunten Gefieders und angenehmen Gesangs sehr beliebt. Für ihn bedeutet das oftmals Gefangenschaft. Im 19. Jahrhundert bemächtigten sich Vogelfänger für ihren Handel mit Käfigvögeln so großer Mengen an Tieren, daß die Art in Irland und Großbritannien selten wurde. Gould berichtet, daß dieser Beruf in London 200 Menschen ernährte. 1881 wurde der Vogelfang in England abgeschafft, blieb aber in Irland bis 1930 geduldet und ist in Belgien und den Mittelmeerländern noch heute verbreitet. Es ist auch kein Zufall, wenn in Frankreich das verbreitetste Modell einer Käfigfalle für Kleinvögel nach dem Distelfink benannt ist und wie er „Chardonneret“ heißt.

Der Erlenzeisig

Carduelis spinus

Wenn im Winter an einem Gewässer ein Trupp kleiner Vögel schnarrend auf der Krone einer Erle niedergeht, kann man sicher sein, daß es sich um Zeisige handelt. Ihr Federkleid ist grün, mit gelben Flügelbinden und gestrichelten Flanken, ihre spitzen Schnäbel erinnern an Distelfinken. Emsig gehen sie daran, aus den kleinen, trockenen, kegelförmigen Früchten die Samen herauszuholen, wobei sie sich wie Meisen an das äußerste Ende der Zweige hängen. Sie sind von den Bergen oder aus dem Norden Europas herabgekommen und breiten sich ab Oktober quer über Mitteleuropa aus. Auf der Suche nach Erlenwäldern stoßen auf ihren Exkursionen bis nach Spanien und in den Atlas vor. Die ersten warmen Tage lassen die Vögel in die Nadelwälder der Bergzonen zurückkehren, wo die Zeit der Paarung und des Gesangs beginnt. Er besteht aus kurzen, schwungvollen Phrasen, in die sich metallisch vibrierende Töne mischen. Das Männchen trägt ihn mit aufgeplustertem Gefieder und gefächertem Schwanz vor, während es die Tanne umfliegt, in der das Weibchen das Nest baut.

Es ist nicht einfach, Zeisignester in den Nadelwäldern ausfindig zu machen, so daß belegte Fälle erfolgreicher Fortpflanzung nicht zahlreich sind. In Deutschland gibt es sie vom Erzgebirge, Harz, Solling, Sauerland und Eifel südwärts bis zu den bayrischen Alpen, aber vereinzelt sogar in der Gegenrichtung bis hin zu den Ostfriesischen Inseln. In großer Zahl brüten die Vögel – von Skandinavien bis zum Ural – im Norden Europas. Auch im nördlichen Teil der britischen Inseln pflanzen sie sich fort. Gould hat sich bei seinem Druck für eine Herbstszenerie entschieden. Er zeigt uns zwei Männchen mit der typischen schwarzen Kopfplatte und ein Weibchen auf den Zweigen einer *Alnus glutinosa,* der Schwarzerle.

Der Bluthänfling

Carduelis cannabina

„Diese Vogelgattung hat einen kurzen, kegelförmigen Schnabel mit schneidenden Rändern und sehr spitzem Ende. Ihre Nahrung sind die Hanfsamen, weshalb man sie *Hänflinge* nennt." Valmont de Bomare, Verfasser dieser Zeilen und um 1770 als Spezialist für Naturgeschichte im Dienst des Prinzen von Condé tätig, fährt fort: „Der Vogel läßt sich leicht zähmen, hat einen angenehmen Gesang und lernt bereitwillig die Weisen, die man ihm auf einem Flageolett vorspielt." Dieser Gesang ist eigentlich ein wohltönendes, jubilierendes Zwitschern, das ohne jegliche Ordnung rollende, trillernde, metallische, flötende und nasale Töne aneinanderreiht. Häufig geben ihn die Männchen im Chor auf einem Busch zum Besten.

Geselligkeit prägt nämlich zu jeder Zeit das Leben der Hänflinge, vor allem aber im Herbst und Winter, wenn die Vögel in großen Trupps auf Feldern oder Ödland umherschweifen. In ihre sehr beweglichen Schwärme mischen sich oft andere Finkenvögel wie Zeisige, Buchfinken, Grünlinge, um gemeinsam mit ihnen auf Nahrungssuche zu gehen. Nicht nur der Hanf, eine ganze Reihe von Pflanzen liefert dem Hänfling sein Körnergemenge, darunter vor allem auch Unkräuter von Anbauflächen. Sie sind für die Vögel so wichtig, daß ihre Vernichtung durch Herbizide einen Niedergang der Hänflingpopulationen nach sich ziehen kann.

Die Art ist fast über ganz Mitteleuropa verbreitet und meidet dort nur die Ostalpen und zu stark bewaldete Mittelgebirge. Das Bild zeigt drei Exemplare auf einem Wacholder, darunter ein Männchen im Prachtkleid.

Der Grünling oder Grünfink

Carduelis chloris

Die Familie der Finken, die sich gern an Samen gütlich tut, zeichnet sich durch kurze, stämmige Schnäbel aus. Die genaue Ausformung variiert allerdings bei den einzelnen Arten in Abhängigkeit vom Verwendungszweck. Denn jede Art hat ihre Vorlieben, und manche ist sogar auf die Nutzung einer bestimmten Nahrungsquelle spezialisiert. Der Distelfink zieht Samen aus dem Blütenstand: Sein Schnabel ist daher spitz. Dick und scharf ist er beim Dompfaff, der damit Samen schält und Knospen abkneift. Der massive Schnabel des Kernbeißers dient dazu, Kerne zu knacken. Ein Zwischen- und Allzweckmodell schließlich besitzt der Grünling. Er kann Samen vom Boden aufpicken, sie abzupfen und zermalmen oder junge Triebe abzwicken.

Das Grünlingmännchen bildet eine stattliche Erscheinung, wenn es Mitte März wieder im Garten erscheint und auf den Linden sein vibrierendes, klingelndes *tititi... tetete... toitoitoi* erschallen läßt. Ein leuchtend gelbes Band an jedem Flügel und zu beiden Seiten des Schwanzes betont den olivgrünen Grundton seines Kleides, das an der Kehle ein goldgelber Hauch überzieht. Im Winter zogen die Vögel in gemischten Finkenhorden auf den Feldern umher. Auch an Vogelhäuschen konnte man sie entdecken, die sie nicht weniger fleißig besuchten wie die Meisen. Jetzt baut das Grünlingsweibchen in einer Hecke, auf einer Linde oder einem Obstbaum sein Nest.

Der Grünling ist sehr häufig und mit Ausnahme der höheren Lagen in ganz Mitteleuropa verbreitet. Er gehört zu den Arten, die vom vermehrten Anbau ölhaltiger Pflanzen wie Raps und Sonnenblume profitieren und sich reichlich vermehren. Das Bild zeigt ein Grünfinkenpaar mit seiner Brut auf einem Feuerdorn.

Der Kernbeißer

Coccothraustes coccothraustes

Kernbeißer sind korpulenter als die vorhergehenden Finken und fast so groß wie Stare. Mit ihrem tabakbraunen Mantel, der beigerosa gefärbten Brust, der schwarzen Kehle und Stirn, der weißen Zeichnung auf Schwanz und Flügel wären sie prächtige Vögel, würden ihnen nicht die massiven Formen, der wiegende Gang und vor allem der gewaltige Schnabel etwas Groteskes verleihen. Ihr Schnabel ist ausgesprochen breit und dazu geeignet, selbst härteste Früchte zu knacken. Wenn die Kirschen reif sind, finden sich die Vögel in den Obstgärten ein. Doch nicht das Fleisch dieser Früchte lockt sie dorthin – sie verschmähen es –, sondern die Samen im Innern der Kerne. Man hat die Druckkraft berechnet, die der Vogel ausübt, wenn er einen Stein zermalmt, ohne ihn aufzulegen. Sie beträgt 45 kg! Zu einer solchen Leistung befähigt ihn die Größe und Knochenstruktur seines Schädels und die hochentwickelte Schnabelmuskulatur. Allerdings sind weniger harte Früchte wie Bucheckern, Flugsamen von Ahornbäumen, Hainbuchen und Eschen seine Hauptnahrung.

Der Kernbeißer ist ein sehr zurückhaltender Vogel, der sich gern in Baumwipfeln aufhält, seinen zögernd vorgetragenen Gesang nur selten hören läßt und in seiner Bestandszahl von Jahr zu Jahr stark variiert. Es ist daher schwierig, seine Verbreitung exakt zu bestimmen. Mit Ausnahme von Skandinavien und Ostspanien ist er fast überall in Europa zu Hause und brütet dort, wo er genügend Laubbäume vorfindet. Im Gebiet fehlt er somit nur in den Alpen, den Hochlagen der Mittelgebirge und der unmittelbaren Nordseeküste.

Das Bild zeigt drei Kernbeißer auf Weißdornbüschen. Rechts sieht man ein Männchen, links einen Jungvogel. Das dritte Exemplar ist wieder ein Männchen, diesmal im Winterkleid.

Der Dompfaff oder Gimpel

Pyrrhula pyrrhula

Wer die einfachen Dinge des Lebens zu schätzen weiß, für den gehört der Anblick eines Dompfaffs im Schnee zu den Freuden des Winters. Dies ist ein durchaus beliebtes Januarmotiv diverser Vogelkalender. Vor allem die rosarote Brust verleiht der Szene ihre Ästhetik. Um sie zu erfassen, bleiben dem Betrachter nur Sekunden. Denn trotz seines ruhigen Habitus verweilt der Dompfaff nicht lange an einer Stelle – ein Flügelschlag, und schon ist er in der verschneiten Winterlandschaft verschwunden.

Der Dompfaff lebt auf Bäumen, wo er vorzugsweise auf dem äußeren Ende von Ästen und Zweigen hockt. Ursprünglich war er im buschreichen Unterholz der Bergregionen zu Hause. In Mitteleuropa hat er sich jedoch an neue Lebensräume angepaßt und ist ins Flachland vorgedrungen, soweit er dort genug Buschwerk vorfand. So nistet er in den Wäldchen landwirtschaftlich genutzter Gebiete, in den Hecken entlang der Felder, in jungen Nadelwaldschonungen, in Parks und sogar in den Gärten der Vorstädte. Diese Entwicklung vollzog sich ab Beginn des 20. Jahrhunderts. Sie war eine Folge der Zersplitterung der Landschaft und wurde zeitgleich auf den Britischen Inseln beobachtet. Doch ist durch das Entbuschen des Unterholzes und der Maßnahmen der Flurbereinigung ein Teil der für den Dompfaff geeigneten Biotope im Lauf der letzten Jahrzehnte wieder verschwunden. Außerdem setzen den Vögeln die Chemikalien zu, die auf den Obstpflanzungen zum Einsatz kommen.

Der Dompfaff pflegt sein Nest in ein bis zwei Meter Höhe auf einem jungen Nadelbaum oder einem Busch zu bauen. Das Bild zeigt es uns zusammen mit einem Dompfaffpärchen auf den Zweigen einer Lärche.

Der Fichtenkreuzschnabel

Loxia curvirostra

Der Fichtenkreuzschnabel, der etwas größer wird als ein Spatz, ist im Nadelwald beheimatet. Er hat einen auffällig gekrümmten Schnabel mit überkreuzten Spitzen und eine eigenartige Weise, sich zu bewegen, die ihn wie einen Miniaturpapagei wirken läßt. Das adulte Männchen ist ziegelrot, das juvenile Männchen orangebraun. Weibchen zeigen eine olivgrüne Färbung mit Gelb am Bürzel und auf der Unterseite.

Beim Verlassen des Nestes sind die Schnäbel der Jungvögel noch gerade. Nach einigen Wochen beginnen sich Ober- und Unterschnabel zu krümmen, ihre Spitzen verbiegen sich, bis sie sich schließlich überkreuzen. Das so geformte Werkzeug vermag die Schuppen der Nadelbaumzapfen auseinanderzudrücken und ihre fetthaltigen Samen zu gewinnen.

Das Dasein der Vögel wird bestimmt von der Fruktifikation der Fichten in den nordeuropäischen Wäldern, die von Jahr zu Jahr sehr unterschiedlich ausfallen kann. Ist sie mittelmäßig, ziehen die Vögel in Schwärmen auf der Suche nach Nahrung ab. Auf diese Weise gelangen etliche nach Mitteleuropa, von wo sie sich bis Frankreich und sogar Spanien ausbreiten. Neben diesen invasionsartigen Einfällen, die in sehr unregelmäßigen Abständen erfolgen, gibt es die weniger ausgedehnten Jahreszüge der eingesessenen Vögel. Die Art brütet in allen Bergregionen Mitteleuropas, wo ihre Präsenz vom Vorhandensein von Nadelbaumarten abhängt. Sie fressen dort bevorzugt die Samen von Nadelbäumen.

Die Fortpflanzung erfolgt sehr früh im Februar und März und leitet im Bergwald die Brutsaison der Vögel ein. Oft nistet das Weibchen auf einem noch schneebedeckten Zweig. Die Aufzucht der Jungen sichern die Altvögel mit den zu dieser Zeit reifen Nadelbaumsamen.

Der Star

Sturnus vulgaris

Stare sind sowohl Stadt- als auch Feldvögel. Auf dem Land bringen sie ihre Nester in alten Spechthöhlen oder hohlen Bäumen unter. In den Städten, wo man sie oft für Amseln hält, nisten sie in Dachrinnen, Kaminen, Mauerlöchern und sonstigen Hohlräumen. Lieblingsplatz der Männchen sind die Antennen, auf denen sie sich niederlassen, um ihren Gesang anzustimmen. Er besteht aus einem glucksenden, pfeifenden, rasselnden Schwatzen, in das Imitationen von Stadtgeräuschen und allen nur denkbaren Vogelstimmen eingeflochten werden.

Wenn sie auch nicht in Kolonien brüten, sind die Vögel doch äußerst gesellig und immer in Gruppen anzutreffen. Auf Weideflächen bewegen sie sich in Trupps mit kleinen, hurtigen Schritten fort, wobei sie einander ständig überholen und sich immer wieder andere Tiere an die Spitze des Zuges setzen. Fliegen sie auf, formiert sich die Schar sogleich zu einem dichten Verband, der bei den gemeinsamen Flugbewegungen einen erstaunlichen Zusammenhalt zeigt und den Eindruck vermittelt, als fühle sich jeder Vogel einer kollektiven Disziplin unterworfen. Abends fallen diese Schwärme auf ihrem Schlafplatz ein, der ein Schilfröhricht sein kann, aber auch die Bäume einer Allee in der Stadt. Im Herbst können sich in diesen Schlafstuben zehn- oder hunderttausende Vögel versammeln. Die präzisen Manöver, die Starenschwärme am Abendhimmel ausführen, sind ein großes Naturschauspiel und haben den französischen Naturwissenschaftler Comte de Buffon im ausgehenden 18. Jahrhundert zu einer seiner berühmten Beschreibungen angeregt: „Starenschwärme haben eine ganz eigene Art zu fliegen, die von einer gemeinsamen Strategie bestimmt zu sein scheint, wie man sie bei einer disziplinierten Truppe antreffen würde, die der Stimme eines einzigen Befehlshabers gehorcht ..."

Die Saatkrähe

Corvus frugilegus

Dieser Rabenvogel unterscheidet sich als adulter Vogel von der gleich großen Rabenkrähe vor allem durch den unbefiederten Schnabelansatz. Weitere gute Unterscheidungsmerkmale sind der Gang in schlecht sitzenden „Kniehosen", der schmalere Schnabel und die weniger rauhe Stimme. Noch eindeutiger erkennt man Saatkrähen an ihren geselligen Verhaltensweisen. Sie leben das ganze Jahr über in Gemeinschaften. Wäldchen aus hohen Bäumen bilden ihre Dörfer. Meist sind es Pappeln oder Eschen, in deren oberem Geäst sie jedes Winterende ihre großen Nestkonstruktionen errichten. Eine solche Kolonie kann aus hundert Nestern bestehen und mancher Baum muß, wie der Druck zeigt, in seinen Astgabeln zehn Stück oder mehr davon tragen. Es ist bemerkenswert, wie standorttreu die Vögel sind. So kennt man Saatkrähenkolonien, die seit mehr als einem Jahrhundert bewohnt werden. Im französischen Departement Seine-et-Marne ist eine solche Ansiedlung sogar seit 1350 bezeugt.

Die Saatkrähe ist in Deutschland zum Teil häufiger Brutvogel der Tallandschaften und Tiefländer, ist aber in den Mittelgebirgen und gegen die Alpen oft nur inselartig verbreitet, mit Bestandsänderungen, die meist auf menschliches Einwirken zurückzuführen sind. Allerdings gehört von den Rabenschwärmen, die im Winter Felder und Wiesen bedecken, nur ein geringer Anteil zu den mitteleuropäischen Populationen. Sie bestehen vor allem aus Zugvögeln, die aus dem Nordosten Europas kommen. Diese Gäste bewahren sich ihre Geselligkeit und malen beeindruckende Kreise in die Lüfte, wenn sie sich an ihren althergebrachten Schlafplätzen sammeln. Jeden Winter übernachten in Wien auf den großen Schlafplätzen im Prater, Schönbrunn, der unteren Lobau und der Baumgartner Höhe nahezu 100.000 Krähen.

Die Dohle

Corvus monedula

Die kleinen, wendigen Rabenvögel, die mit schriller Stimme die Kirchtürme umschwärmen, sind Dohlen. In alten Städten mit vielen Mauern und Türmen beleben sie mit ihren Flugspielen und Schreien den Himmel. In prächtig anzuschauendem Flug gleiten sie dahin, und ihre hellen Rufe vermischen sich mit denen der Segler, die um die Denkmäler kreisen.

Ursprünglich nisteten sie in unteren Höhenlagen an Felswänden, eine Verhaltensweise, die sie sich in mehreren Regionen Deutschlands, z. B. in der Frankenalb, bewahrt haben. Später hielten sie in Mauerwerk, Befestigungsanlagen, Türmen, verfallenen Gebäuden und aufgegebenen Steinbrüchen Einzug – kurzum an allen Standorten, die eine dominierende Lage und genügend Hohlräume als Unterschlupf für ihre Schwärme boten. Auch Baumhöhlen und Nistkästen bewohnen die Tiere. In Westfalen ist die Dohle in jedem Ort mit einer mehr als fünfstelligen Einwohnerzahl Brutvogel, und jeder Salzburger kennt die Dohlen, die um die Felswände der Stadt kreisen.

Die Paarbindung ist bei Dohlen sehr eng. Männchen und Weibchen verbringen den Winter zusammen und nächtigen im selben Schlupfloch. Um ihre Beziehung zu stärken, glätten sie einander die Kopffedern. Das Paar auf dem Druck scheint sich gerade dieser Beschäftigung widmen zu wollen. Die Burgruine im Hintergrund wirkt wie aus einem Roman von Walter Scott. Doch es wird deutlich, daß die Künstler 1866 die Flugbewegungen des Vogels selbst noch nicht richtig wiederzugeben wußten.

Die Alpenkrähe

Pyrrhocorax pyrrhocorax

Die wissenschaftliche Bezeichnung der Alpenkrähe, *Pyrrhocorax,* ist griechisch und bedeutet soviel wie „feuerroter Rabe", doch sind nur ihr Schnabel und ihre Beine so gefärbt. Bei ihrem Verwandten, der Alpendohle, haben nur die Beine diesen Farbton, der Schnabel ist dagegen gelb. Beide taubengroßen Arten tragen ein schwarzes, blauschimmerndes Gefieder.

Die Alpendohle ist ein Bergvogel und in Mitteleuropa nur in den Alpen beheimatet. Die seltenere Alpenkrähe ist weniger an diesen Lebensraum gebunden und während sie bis auf kleine Restpopulationen in den Alpen ausgestorben ist, trifft man sie auch noch an den Küsten von Nordfrankreich, Wales, Irland, der Isle of Man und den Hebriden.

Beide Arten sind meisterhafte Flugakrobaten. Schwindelerregende Sturzflüge, bei denen sie sich mit fast geschlossenen Flügeln steinartig mehr als hundert Meter in die Tiefe fallen lassen, Rollen, Trudeln oder Spiralfiguren, die sie in geringster Luftströmung wieder nach oben tragen, sind ihre alltäglichen Bravourstücke.

Am Meer wie im Gebirge bilden Felswände, wo sie in Höhlen nisten, und Grasflächen, auf denen sie am Boden dahinschreitend Nahrung suchen, das typische Habitat der Alpenkrähen. Sie ernähren sich von Insekten, kleinen Weichtieren, Würmern, gelegentlich auch von Samen. Während die Alpendohle im Hochgebirge häufig und allgemein verbreitet ist, geht der Bestand der Alpenkrähe überall zurück, vor allem in den Alpen. Die Gründe hierfür sind noch ungeklärt, doch wie so oft werden neben klimatischen Gründen und der Konkurrenz mit der Alpendohle auch anthropogene Einflüsse vermutet. In Mitteleuropa existieren noch etwa 40 – 60 Paare im Schweizer Wallis.

Die Elster

Pica pica

Der Elster behagt es in der Nachbarschaft des Menschen und seiner Kulturlandschaft so gut, daß sie der bekannteste Rabenvogel unserer ländlichen Regionen sein dürfte. Man kann sie fast nicht verwechseln, da sie sich durch die einzigartige Kombination aus weißschwarzem Gefieder, langem Schwanz und schackernder Stimme auf Anhieb und selbst aus der Ferne zu erkennen gibt. Sie ist ein sehr weit verbreiteter Vogel, der außer auf Island und einigen Mittelmeerinseln in ganz Europa auftritt und sich an alle Lebensbedingungen anzupassen weiß – von Steppen mit vereinzeltem Strauchbewuchs bis hin zu den baumbepflanzten Straßenanlagen der großen Städte. Obwohl es ihr widerstrebt, offene Flächen zu überfliegen, und sie vom Temperament her ein Standvogel ist, hat sie den größten Teil der nördlichen Hemisphäre – von der Atlantikküste bis Japan –, den Maghreb, den Mittleren Orient und den Westen Nordamerikas besiedelt. In Mitteleuropa fehlt sie nur in manchen geschlossenen Waldgebieten der Mittelgebirge und in den Höhenlagen der Alpen.

Ihr Nest ist eine solide Konstruktion aus Zweiglein, die innen mit getrocknetem Schlamm ausgestattet wird und eine Kuppel aus Reisigen erhält, die nur ein oder zwei Zugänge offen läßt. Es wird immer in einem Baumwipfel gebaut und hat eine so widerstandsfähige Struktur, daß es mehrere Jahre hindurch der Witterung standhalten kann. Ein Elsternpaar zieht im Jahr eine Brut groß. Von fünf bis sieben Eiern des Geleges werden im Durchschnitt nur zwei oder drei Jungtiere flügge, da die Nester gerne von Krähen geplündert werden.

Gould und Richter haben den Vogel auf einen Fichtenzweig gesetzt. Im Hintergrund sieht man das Nest mit seiner ovalen Bedachung.

Der Eichelhäher

Garrulus glandarius

Wir wissen mit Sicherheit, daß der Eichelhäher die Zusammensetzung der europäischen Landschaften mit beeinflußt hat. Seine Verhaltensweise, Eicheln über große Strecken zu transportieren und dort im Boden zu vergraben, trug erheblich zur Verbreitung der Eichen bei. Im übrigen ist es nicht ausgeschlossen, daß diese Früchte in einem Prozeß, den man Koevolution nennt, ihre Form und ihren Aufbau so veränderten, daß sie den Eichelhäher anlockten. Der Vogel nimmt große Mengen davon zu sich, vor allem im Winter.

Im Wald verrät uns ein heiserer, gedehnter Ruf seine Anwesenheit und gibt im selben Augenblick unsere Gegenwart preis. Sein Schrei dient anderen Hähern, ja der gesamten Fauna, als Warnung. Stimmlich ist er noch talentierter als die übrigen Rabenvögel. Er kann eine Vielzahl von Vogelrufen und Geräuschen nachahmen und imitiert Bussard und Waldkauz täuschend ähnlich.

Eichelhäher verlassen kaum die Wälder und sind ausgesprochene Baumbewohner. Ihr Lebensraum ist jedoch nicht nur auf den Eichenwald beschränkt. Im Norden Europas besiedeln sie weit über die Laubwaldgrenze hinaus auch Nadelwälder. Die Winter überleben sie dort, indem sie auf Anbauflächen Nachlese halten. Seit diesem Jahrhundert hat sich die Art an den Lebensraum Stadt angepaßt. So brüten Eichelhäherpaare seit 1900 mitten in London, neuerdings auch in Paris, München oder Berlin, was letztes Jahrhundert noch undenkbar war. Die Art ist in ganz Mitteleuropa häufig und verbreitet.

Der Druck zeigt die Vögel, wie es sich gehört, im Geäst einer Eiche.

Der Tannenhäher

Nucifraga caryocatactes

Wie der Eichelhäher, dem er in den Bewegungen etwas ähnelt, ist der Tannenhäher ein waldbewohnender Rabenvogel. Sein Gefieder, das der Druck perfekt abbildet, unterscheidet ihn jedoch deutlich von diesem Verwandten. Seinen Lebensraum bilden die nordischen Wälder und Hochlagen Europas und Asiens. Durch den Rückzug der Gletscher wurde die Art allerdings in mehrere geographische Unterarten zersplittert. In Mitteleuropa trifft man sie ausschließlich in den Bergregionen der Alpen, über den Schwarzwald bis hin an den Nordrand der deutschen Mittelgebirgskette und die Böhmischen Masse an, wo sie von 500 m ab bis zur Baumgrenze lebt. Die Samen der Zirbelkiefer spielen im Dasein des Vogels eine zentrale Rolle. In den Alpen holt er überall, wo dieser Nadelbaum wächst, in der Zeit der Fruchtreife die Samen aus den Zapfen. Was er nicht sofort verzehrt, lagert er in einer dehnbaren Tasche unter der Zunge ein und vergräbt es später im Boden. Auf diese Weise verfügt er bis zum nächsten Frühling über Tausende von Nahrungsverstecken, die quer über sein Revier verteilt sind. Erstaunlicherweise findet er sie (fast) alle wieder, selbst, wenn sie unter einem halben Meter Schnee begraben sind.

Anscheinend nutzt der Tannenhäher dabei neben seinem Gedächtnis und seinem visuellen Orientierungsvermögen auch ein geschmackliches Ortungssystem. So soll er die Diffusion der Zirbelmoleküle am Geschmack des Schnees ausmachen können, den er mit halb geöffnetem Schnabel aufwühlt.

Gould wußte genau, wie wichtig die Samen der Zirbelkiefer für den Tannenhäher sind. Er zeigt uns den Vogel an einem halb abgeweideten Zapfen auf einem Ast dieser Baumart. Der Sekretär der Zoological Society in London hatte ihn auf Goulds Bitte aus den Alpen mitgebracht.

Der Kuckuck

Cuculus canorus

Alle kennen den Kuckucksruf, aber nur wenige bekommen den Vogel selbst zu Gesicht, und dies, obwohl der Kuckuck ab April außerhalb der Großstadtzentren jeden nur erdenklichen Platz zwischen der offenen Marsch und der alpinen Waldlandschaft aufsucht. Doch er zeigt sich ungern ohne Deckung. Und ab Mitte Juni verhält er sich noch unauffälliger – selbst sein Rufen ist nun nicht mehr zu hören – und im August geht er auf Wanderschaft und kehrt nach Äquatorialafrika zurück.

Dieser Vogel verbirgt ein Geheimnis, und seine parasitäre Fortplanzungsweise hat seit Jahrhunderten das rege Interesse der Naturforscher geweckt. Gould kannte ihr Prinzip, jedoch nicht die Details. Er war ursprünglich der Ansicht, die Adoptiveltern würden die eigenen Jungen versehentlich aus dem Nest werfen, wenn sie versuchten, den Platz frei zu machen, den der sperrige Kuckuck besetzt hielt. Eines Tages wurde er jedoch eines Besseren belehrt. Er erhielt von der Ehefrau eines Professors der Universität Glasgow eine am lebenden Objekt gefertigte Zeichnung, die zeigte, wie ein ganz junger, noch nackter und blinder Kuckuck die Brut seines Wirtes aus dem Nest beförderte. Seitdem haben Film und Fotografie das „Verbrechen", das der Kuckuck instinktiv zehn Stunden nach seiner Geburt begeht, immer wieder dokumentiert. Mrs. Blackburns Aquarell, das im British Museum aufbewahrt wird, bleibt bis heute das vielleicht ergreifendste Zeugnis dieses Vorgangs.

Allein im Nest, beschlagnahmt der Usurpator alles für sich, was von seinen Adoptiveltern, die er schon bald überragt, an Nahrung herangeschafft wird. Sein Wachstum vollendet sich außerhalb des zu klein gewordenen Nestes, wobei sich der Pflegevater zum Füttern auf seinen Rücken setzen muß. Die Szene ist auf dem Hintergrund des Bildes dargestellt.

Der Buntspecht

Dendrocopos major

Spechte sind ans Klettern und an die Bearbeitung von Holz angepaßt. Kurze Beine mit vier Zehen, die paarweise gegenübergestellt werden können, stark gekrümmte, spitze Krallen, die sich wie Steigeisen in der Rinde festhaken, ein Schwanz, dessen Federn am Schaft versteift sind und beim Aufstieg am Stamm den erforderlichen Rückhalt geben, so sieht die Kletterausrüstung des Vogels aus. Sein Schnabel, der hart ist wie Feuerstein, bohrt sich wie ein Meißel ins Holz. Mit ihm hackt der Specht seine Bruthöhle in den Baum. Darüber hinaus benutzt er ihn als klangvolles Schlaginstrument. Durch Schnabelhiebe, die er in hastigem Rhythmus gegen trockenes Holz ausführt, erzeugt er trommelnde Laute, die einen Partner anlocken sollen.

Mitteleuropa zählt fünf Spechtarten, deren Gefieder schwarz, weiß und rot ist. Der Buntspecht ist am häufigsten und am weitesten verbreitet. Von der Küste bis zu den mittleren Höhenlagen tritt er überall auf, wo es Laub- oder Nadelbäume gibt. Sein greller Ruf – *tschik* – verrät uns das ganze Jahr über seine Gegenwart, während er sein Getrommel vor allem zwischen Februar und Mai hören läßt. In den ersten Apriltagen ist das Paar eifrig damit beschäftigt, eine 20 bis 30 cm tiefe Bruthöhle in einen Stamm zu bohren. Jede Baumart kann dabei in Angriff genommen werden, allerdings bevorzugen die Vögel totes oder absterbendes Holz. Die Eier brütet zum großen Teil das Männchen aus. Nach dem Schlüpfen erhalten die Jungtiere bis zu 20 Atzungen am Tag und verlassen nach drei Wochen das Nest.

Das Männchen erkennt man an dem grellroten Fleck im Nacken (mit dem Rücken zum Betrachter abgebildet), das Weibchen an seiner schwarzen, das Junge an seiner roten Kopfplatte. Die drei Vögel sitzen auf einer Stieleiche.

Der Schwarzspecht

Dryocopus martius

Diese krähengroße Spechtart ist der Riese unter den europäischen Vertretern der Familie. Wie der Buntspecht und andere Spechte unserer Regionen kommt sie nicht nur in Europa vor, sondern bevölkert auch die gemäßigten Waldzonen Asiens bis hin nach Japan.

Das Männchen erkennt man am Scharlachrot seiner Kopfplatte, eine Färbung, die das Weibchen nur im Nacken aufweist. Bei der Balz verfolgen sie einander, klettern in Spiralen Stämme hoch oder jagen sich im Flug zwischen den Bäumen. Die Initiative geht dabei vom Weibchen aus. Dem Männchen fällt hauptsächlich die Aufgabe zu, die 8 – 10 m hoch gelegene, 50 cm tiefe Nestkammer anzulegen, die durch eine ovale Öffnung zugänglich ist. Dort erfolgt die Aufzucht der vier Jungen, die mit vier Wochen flügge werden.

Es ist nicht einfach, Schwarzspechte zu Gesicht zu bekommen, da sie sich scheu und vorsichtig verhalten. Eher hört man sie. Ein schallendes Gelächter – *trütrütrütrü* –, das sie im Flug von sich geben, oder der Lärm ihres fast einen Kilometer weit tragenden Getrommels verrät ihre Anwesenheit. In sitzender Haltung geben sie auch in mal kürzeren, mal längeren Abständen ein lautes, klagendes *kliööh* von sich.

Deutschland ist bis auf dem äußerste Norden von Schleswig-Holstein vom Schwarzspecht besiedelt. Die heutige Verteilung läßt allerdings nicht erkennen, daß der Schwarzspecht erst innerhalb der vergangenen 100 Jahre das Tiefland besiedelt hat. Diese Expansion setzt er Richtung Westen fort, wo er sich bereits bis in die Bretagne vorgearbeitet hat. Vielleicht erreicht er einmal die Britischen Inseln, wo er bisher nie aufgetreten ist. Wenn er in den *Birds of Great Britain* abgebildet wurde, dann deshalb, weil Gould irrtümlichen, von ihm nicht nachprüfbaren Angaben Glauben geschenkt hatte.

Der Grünspecht

Picus viridis

Ameisen sind eine wichtige Nahrungsquelle für Grünspechte, weshalb dieser Klettervogel oft am Boden anzutreffen ist. Der Druck zeigt uns zwei dieser Vögel auf einem Baumstumpf. Rechts sitzt das Männchen mit dem für ihn typischen schwarz eingerahmten, roten Bartstreif. Das Weibchen scheint damit beschäftigt, einen Regenwurm zu verschlingen. Zumindest könnte man auf den ersten Blick diesen Eindruck gewinnen. Bei genauerem Hinsehen erkennt man jedoch, daß es mit seiner Zunge nach Ameisen schnappt.

Die Spechtzunge, die eine ganz eigentümliche Beschaffenheit hat, bekommt man auf einem Bild selten zu sehen. Das zylindrische, weit ausfahrbare Organ ist wurmförmig. Durch eine komplexe Vorrichtung aus Muskeln und Bändern, die um den Schädel gewunden und in der Höhle des rechten Nasenloches befestigt sind, kann es 10 cm weit herausgeschleudert werden. Das Vorderende ist mit einer hornigen Spitze und an den Seiten mit Borsten ausgestattet, die wie Widerhaken geformt sind. Dank eines zähflüssigen Sekrets, das von der Speicheldrüse abgesondert wird, ist die Zunge klebrig. Mit diesem Werkzeug ist der Vogel bestens ausgerüstet, um Larven aus ihren Holzlöchern zu ziehen oder Ameisen aus Rindenritzen zu holen. Ab März machen sich die Grünspechte daran, in alte Bäume ihre Bruthöhlen zu hacken. Geben sie ein solches Nest wieder auf, ziehen dort andere Vögel ein – ebenfalls Höhlenbrüter, die aber nicht imstande sind sich selbst einen solchen Unterschlupf zu zimmern. Im Lauf der Jahre kann ein Spechtnest acht bis neun verschiedene Wirbeltierarten beherbergen: Wiedehopf, Wendehals, Kleiber, Meise, Star, Steinkauz, Hohltaube, und zuletzt meistens Fledermäuse.

Den Fuß des Baumstumpfes ziert ein Röhrling.

Die Ringeltaube

Columba palumbus

Drei graublaue Taubenarten sind in Europa beheimatet. Die größte ist die Ringeltaube, die als einzige weiße Abzeichen an den Flügeln trägt. Neuerdings schreitet sie im Herzen der Großstädte in aller Ruhe die Rasen der Parks ab, und ist dadurch vielen Menschen bekannt geworden. Schon lang bekannt ist sie im Südwesten Frankreichs, wo sie von alters her das sehnsüchtig erwartete Wild namens „Palombe" ist und bei den Jägern dort im Oktober ein regelrechtes „Ringeltaubenfieber" auslöst.

Eigentlich ist sie ein Vogel des Laubwaldes, an dessen Rändern sie sich vorzugsweise aufhält. Ihre Häufigkeit und ihre weite Verbreitung sind relativ jungen Datums und hängen mit ihren bescheidenen Bedürfnissen zusammen. Sie braucht zum Leben nur Bäume, auf denen sie brüten und sich ausruhen kann, und offene Flächen, auf denen sie Nahrung findet. Die Landwirtschaft hat zu ihrer reichlichen Vermehrung viel beigetragen, indem sie dem anpassungsfähigen Körnerfresser abwechslungsreiche, zu allen Jahreszeiten verfügbare Nahrungsquellen bot. So profitiert die Ringeltaube in Mitteleuropa ganz beträchtlich vom Getreideanbau, auf dessen Feldern sie im Winter ergiebige Nachlesen halten kann.

Bereits 1868 notierte Gould: „Wenn das Trockenlegen unserer Sümpfe und das Eindeichen unserer Ästuare eine große Zahl der einheimischen Vögel ausgerottet und aus unserem Land verbannt haben, sind durch die Fortschritte in der Landwirtschaft andere begünstigt worden, und dabei keine mehr als die Ringeltaube." Nirgends trifft dies mehr zu als in England, wo sie in solchen Mengen vorkommt, daß sie zum Ernteschädling geworden ist. Der Druck zeigt eine Ringeltaube in ihrem Nest auf einer Föhre.

Die Turteltaube

Streptopelia turtur

Sie ist der Vogel des Sommers. Spät erst – nicht vor den ersten schönen Maitagen – kehrt sie nach acht Monaten Abwesenheit aus Afrika zurück und macht sich wieder auf den Weg dorthin, noch ehe die warmen Monate vorüber sind. In der Zeit dazwischen breitet ihr sanftes, schnurrendes Gurren, das selbst zur Mittagsstunde nicht verstummt, beharrlich seine dumpfen Vibrationen über Wälder und Hecken aus.

Die Hauptnahrung der Turteltaube bilden Wildsamen, die sie bei einer früheren Rückkehr nicht in diesem Maße vorfinden würde. Auf dem Boden sucht sie nach den Samen des Erdrauchs und anderer Begleiter der Anbauflächen, nach den jungen Sprossen der Saat-Esparsette oder der Sternmiere und verschmäht auch das Getreide nicht. Sie liebt es, auf Elektroleitungen über den Feldern zu sitzen, wo man sie leicht ausfindig machen kann. Anbauflächen und mit Laubwäldern und Hecken durchsetzte Brachen bilden ihren bevorzugten Lebensraum. Große Verbreitungslücken finden sich in Schleswig-Holstein, Baden-Württemberg, Südbayern sowie in den gesamten Alpen.

Während die anderen Tauben im Jahr bis zu dreimal, die Türkentauben sogar sechsmal brüten, beschränkt sich die Turteltaube während ihres kurzen Aufenthalts auf maximal zwei Gelege. Ihr Nest ist ein flaches Reisiggebilde, das sie in die unteren Äste eines Baums oder in dichtbelaubte Schlehen- oder Weißdornbüsche baut. Auf dem Bild ist das Nest von einer Weißen Waldrebe umschlungen.

Das Auerhuhn

Tetrao urogallus

Das Auerhuhn ist nach dem Schwarzstorch der größte Waldvogel Europas. Das Männchen erreicht die Ausmaße eines Truthahns und kann bis zu fünfeinhalb Kilo schwer werden. Die Taiga mit ihren sumpfigen Wäldern bildet den Lebensraum des Vogels. Südlich davon kommt er nur in ruhigen Nadel- und Mischwäldern mit vielen Kiefern, Buchen-, Tannenbeständen oder Fichten vor, wobei ihm zu dichter Baumbestand wenig zusagt. Das Auerhuhn schätzt tiefe Täler, in denen sich Tannen und Buchen auf Felsen und Baumstümpfen übereinander staffeln. Wie alle Rauhfußhähne ist der Auerhahn polygam. Wenn der Morgen dämmert, wird er auf dem Nadelbaum, der ihm als Schlafplatz diente, unruhig. Er fliegt hinab zu den noch halb mit Schnee bedeckten Erdhügeln und beginnt zu paradieren, wobei er den runden Schwanz wie ein Truthahn fächert. Rötlichbraun gefärbte Hennen treffen ein, um mit ihm die Balz zu vollziehen. Doch ihre Verbindung ist nur von kurzer Dauer.

Die Heidelbeere, ein Begleiter der Kiefernwälder, ist für Altvögel und Küken eine sehr gefragte Nahrung. Während ihrer ersten Lebenswochen sind die Jungtiere auch auf Gliederfüßer angewiesen, im Winter dann auf Koniferennadeln.

Der mitteleuropäische Bestand wird derzeit auf 9 – 14.000 brütende Weibchen geschätzt. Die alpine Population dürfte dabei trotz einiger Schrumpfungen in der Schweiz noch mehr oder minder konstant sein, während die restlichen ehemaligen Hochburgen wie der Bayerische Wald, der Schwarzwald und die Böhmische Masse nicht mehr langfristig als stabil bezeichnet werden können. Die modernen Methoden der Waldnutzung sind die Hauptursache für den Rückgang dieser prächtigen Spezies. Hinzu kommen Jagd und vielfältige Störungen durch den Massentourismus in den Bergwäldern.

Das Birkhuhn *Tetrao tetrix*

Dieses Rauhfußhuhn lebt im Norden Europas auf Heiden, in Mooren und Sumpfwäldern, während es in den Alpen an der oberen Waldgrenze zu Hause ist, wo eine Vegetation aus vereinzelten Bäumen, Erlen, Alpenrose und Latschen gedeiht.

In der Morgendämmerung vollführen die Männchen ihre Arena-Balz, wobei sie sich gegenseitig an Glut zu übertreffen suchen. Die langen, schwarzen Schwanzfedern werden zu zwei Ästen entfaltet, die sich leierartig gekrümmt um die weißen, zu einem Federstrauß aufgeplusterten Unterschwanzdecken legen. Der Vogel stampft und gurrt mit lockerer Kehle und zur Rosette aufgestellten Überaugenstreifen, dreht sich auf der Stelle und prustet kleine Atemwölkchen in die eisige Morgenluft. Aus dieser leidenschaftlichen Werbung entsteht keine dauerhafte Paarbindung. Die Weibchen legen die Eier unter eine Alpenrose zwischen zwei Grasbüschel und kümmern sich allein um die Aufzucht der Brut.

Mit Ausnahme von Schweden, wo es strenge Schutzmaßnahmen gibt, nimmt die Birkhuhnpopulation in Europa beständig ab. Dieser Trend ist verknüpft mit dem raschen Aussterben isolierter Bestände, die eine Folge der Zerstückelung ihres Lebensraumes ist. Durch die Zerstörung von Erikaheiden und Mooren verschwand die Art aus weiten Teilen Norddeutschlands. Einzig nennenswerter und stabile Bestand in den Mittelgebirgen beherbergt nur noch die Rhön; eine weitere Population soll auf dem Nato-Truppenübungsplatz im bayerischen Grafenwöhr existieren. In den Alpen hat der Rückgang widersprüchliche Ursachen. Verantwortlich sind die dort betriebene Weide- und Feldwirtschaft und die Auswirkungen des Tourismus. Das Gros der Birkhuhnpopulation in den Alpen lebt auf den italienischen, österreichischen und schweizerischen Hängen der Bergkette.

Unser Bild zeigt eine eine schottischen Heidelandschaft.

Das Alpenschneehuhn *Lagopus mutus*

Das Alpenschneehuhn ist das weiße Rauhfußhuhn des Gebirges, auch wenn sein Gefieder nur vier Monate diese Farbe zeigt. Damit er seiner Umgebung stets angepaßt ist, wechselt der Vogel dreimal im Jahr sein Kleid, das von Weiß im Winter bis zu geflecktem Graubraun im Sommer variiert. Seinen Lebensraum bilden das Hochgebirge der Alpen, wo er sich in 2.300 – 3.000 m Höhe aufhält, und die Schnee- und Eiswüsten des Nordens bis jenseits des 80. Breitengrads (kein Standvogel wagt sich weiter nach Norden vor). Der weiße Farbton der Flügel und das Schwarz an den Seiten des Schwanzes, das beim Auffliegen als optisches Signal dient, ändern sich bei beiden Geschlechtern das ganze Jahr über nicht. Im Winter zeichnet sich das Männchen überdies durch den vom Schnabel bis zum Auge reichenden schwarzen Zügel aus.

Alpenschneehühner sind gegen Kälte außergewöhnlich resistent. So ist ihr Gefieder extrem dicht und reicht bis über die Nasenlöcher. Pelzstiefel hüllen ihre Beine bis zu den Zehenenden ein. Die Winternächte verbringt der Vogel im Schnee, wo er sich in eine Art Iglu eingräbt. Nahrung bieten ihm aufgepickte Zweiglein, Rindenstücke und trockene Grashalme. Größter Feind der Schneehühner ist der Adler. Noch auf 200 m Entfernung läßt sie sein Anblick am Boden erstarren und auf die Tarnung ihres weißen Gefieders hoffen. Eine solche Szene zeigt unser Bild von Joseph Wolf.

Das Rebhuhn *Perdix perdix*

Ein Rebhuhnpaar an seinem Ruheplatz. Das Weibchen hockt unter einem Taubenkropf-Leimkraut, einem Nelkengewächs, und blickt den Betrachter an, während im Hintergrund das Männchen ein Staubbad nimmt. Die Szene gibt uns einen intimen, unverfälschten Einblick in das Privatleben eines Vogels, dessen Fleisch wir besser kennen als seine Verhaltensweisen.

Ursprünglich war die Art in der Steppe beheimatet. Waldrodungen und Feldbau haben seit dem Neolithikum ihr Vordringen nach Europa begünstigt. Wie die Feldlerche paßte sie sich einem System extensiver Landwirtschaft an, bei dem sich Getreidefelder mit Futterwiesen, unbebauten Parzellen und Hecken abwechselten. Dann folgte die Einführung neuer Landbaumethoden und die Umgestaltung der Landschaft: Gestrüpp und Brachen wurden beseitigt, Hecken entfernt, Monokulturen angelegt, Ernten maschinell eingebracht, Stoppelfelder frühzeitig umgebrochen, Pestizide eingesetzt. Jedes dieser Phänomene stellt für das Rebhuhn eine Bedrohung dar. Hinzu kommt die Jagd und ihre Folgen. Mit ausgewilderten Vögeln, die nur als Kanonenfutter taugen, aber keine stabilen Populationen herzustellen vermögen, versucht man das Rebhuhn „wieder anzusiedeln". Vorbildlich sind da Aktionen wie in Franken, wo Landwirte, Jägerschaft und Vogelschützer an einem Strang ziehen.

Das Rothuhn *Alectoris rufa*

Einst war das Rothuhn auch bei uns beheimatet, im 18. Jahrhundert im Rheinland, im 19. Jahrhundert noch im Schweizer Jura, während neue Ansiedlungsversuche erfolglos blieben. Anders in Frankreich, wo auf einer großen Fläche, die von Saône, Loire und Garonne begrenzt wird, sogar Rot- und Rebhuhn vorkommen. Der eigentliche Lebensraum des Rothuhns liegt jedoch südlicher und näher am Mittelmeer. Auch zieht es Heiden und Brachen landwirtschaftlich genutzten Flächen vor, weshalb moderne Anbaumethoden und Pestizide weniger Einfluss auf seinen Bestand haben.

Bei den französischen Jägern findet das Rothuhn nicht weniger Aufmerksamkeit als das Rebhuhn. In der Jagdsaison 1983–1984 wurden 1.200.000 Rothühner erlegt, während man jährlich zwischen 500.000 und 1.000.000 Exemplare auswildert. Großbritannien steht nicht zurück. Dort wildert man im Jahr 800.000 Vögel aus und tötet 400.000. Allerdings ist das Rothuhn auf den Britischen Inseln keine angestammte Spezies. Sein Vorkommen beschränkt sich auf das südöstliche Drittel Englands, wo es 1790 als Jagdwild eingeführt wurde. Die Eier dazu holte man sich aus Frankreich.

Der von Wolf gezeichnete Druck zeigt ein Paar adulter Vögel und acht bis zehn Wochen alte Jungtiere inmitten Grauer Glockenheide. Rechts sieht man eine Rundblättrige Glockenblume.

Die Großtrappe *Otis tarda*

Trappen sind unter den europäischen Vögeln am stärksten durch die moderne Landwirtschaft vom Aussterben bedroht. Die Vögel bewohnen Grassteppen und lassen den Blick gerne über offene Flächen schweifen. Solange solche Biotope einer extensiven Viehzucht dienten, konnte die Art sich dort halten. Die maschinelle Nutzung dieser Böden als Anbauflächen und die dadurch verursachten Störungen haben jedoch überall zu einem Rückgang der Bestände geführt. Bei der Großtrappe – einem Riesen unter den europäischen Vögeln und mit bis zu 18 kg wiegenden Männchen schwerster flugfähiger Vogel unseres Kontinents – ist dieses Phänomen seit längerem bekannt. Zur Zeit Goulds war er in Großbritannien bereits seit dreißig Jahren ausgestorben. Heute sind die 15–16.0000 Vögel der europäischen Population fast nur auf Rückzugsgebiete in Spanien und Portugal beschränkt. Bei uns sind nur noch kleine Teilareale in Brandenburg, Sachsen-Anhalt, Niederösterreich und Burgenland besetzt.

Der einzigartige Anblick, den das Männchen bei der Balz bietet, ist zu einer seltenen Attraktion geworden. Der Vogel dreht dabei Kopf und Schwanz auf den Rücken, bläht seine Kehle wie einen Ballon, senkt die Flügel, dreht ihre Unterseite nach oben und spreizt an seinen Flanken weiße Federbüschel, die wie Blumensträuße die Unterschwanzdecken krönen. Das Ganze sieht aus wie eine riesige Blume. Der Druck vermittelt einen Eindruck von dieser Verwandlung. Im Vordergrund ein Weibchen mit Küken.

Die Zwergtrappe *Tetrax tetrax*

Die Zwergtrappe, die viel kleiner ist als die Großtrappe, erreicht die Größe einer Fasanenhenne. In Mitteleuropa war die Zwergtrappe vor allem im Südosten allgemein verbreitet, mit Bestandsausläufern bis nach Ostdeutschland. Die traurige Bilanz vermeldete schon für die Jahrhundertwende das Aussterben der Tiere in Mecklenburg-Vorpommern, Brandenburg, Thüringen und Sachsen, 1921 erlosch die verbliebene österreichische Population im Marchfeld und Mitte der 80er Jahre wurden die Brutplätze im Elsaß aufgegeben. Auch als Durchzügler und Wintergast sehen wir diese kleine Trappe kaum mehr in unseren Gefilden.

Die Ursachen für den Rückgang der Bestände sind überall die gleichen. Verantwortlich sind die Umgestaltung der Biotope und der Anbau von Monokulturen, für die Insektizide und Herbizide eingesetzt werden. Die Silage von Nutzwiesen und Luzernenfeldern hat eine frühzeitige, mit schnellen Maschinen durchgeführte Mahd zur Folge, bei der auch die Gelege zerstört werden. Am verwundbarsten sind die isolierten Populationen. Ihr Bestand geht mit den Jahren zurück und die Vögel pflanzen sich nicht mehr fort. Das Überleben der Zwergtrappe in Europa kann nur durch die Einbindung der Bauern in Schutzprojekte gesichert werden. In einigen Gebieten Frankreichs sind bereits erste Programme angelaufen, für die den Landwirten von der EU und dem französischen Staat spezielle Hilfen bewilligt werden.

Als hätte es sein Schicksal vor Augen, richtet sich ein Zwergtrappenmännchen vor den Federkronen eines Löwenzahns zu seiner ganzen Größe auf.

Vorhergehende Doppelseite:

Der Kranich

Grus grus

Der Kranich wird mit 1,20 m größer als der Storch und die anderen Stelzvögel. Er ist damit der größte Vogel Europas. Doch auch in Eleganz der Haltung und der Bewegungen bleibt er fast unerreicht und ist der Stolz der Avifauna im Nordostens Deutschlands, wo dieser imposante Vogel noch in relativ hoher Dichte brütet.

Nachdem sie die Ostseeinsel Rügen verlassen haben, queren die Kraniche im Oktober in großen Schwärmen Westdeutschland. Ihr wellenförmiger, von trompetenden Rufen begleiteter Flug ist eines der großen Naturschauspiele dieser Jahreszeit. Um es miterleben zu können, muß man sich unter dem 200 km breiten Zugkorridor befinden, den sie nur selten verlassen. Ihre nächste Etappe ist Frankreich, dann der Gallocanta-See in Spanien, an den äußersten Grenzen von Kastilien und Aragon. Danach zerstreuen sie sich über die Überwinterungsgebiete im Südwesten der Iberischen Halbinsel.

Ab Februar ziehen die Vögel in umgekehrter Richtung zurück zu den Brutgebieten im Norden Europas. Der Durchzug erfolgt schneller als im Herbst, doch legen sie immer an denselben Orten Pausen ein. In Deutschland sind es die Heiden Niedersachsens, die Seen der Mecklenburgischen Platte und die Marsche der Ostsee. Dort kann man einen Anblick genießen, wie ihn uns Wolf auf seinem Druck präsentiert. Der Künstler konnte einer solchen Szene im Rheinland, nahe seiner Heimatstadt Koblenz, beiwohnen. Die Region am Zusammenfluß von Rhein und Mosel liegt exakt auf der Zugstrecke der Kraniche.

Der Graureiher

Ardea cinerea

Neben dem selten gewordenen Weißstorch ist der Graureiher die einzige in ganz Europa verbreitete, spektakuläre Großvogelart. Er hält sich gern an Gewässern auf, aber auch in den Lüften kann man ihn beobachten, die er in langsamem, majestätischem Flug kraftvoll durchpflügt.

Die Geschichte des Graureihers in Mitteleuropa spiegelt seine Beziehung zum Menschen wider. Als königliches bzw. fürstbischöfliches Jagdwild war der schöne Vogel einst geschützt, wurde aber später von Fischern verfolgt, die in ihm einen Konkurrenten sahen. Gegen Ende des 19. Jahrhunderts büßten die Graureiher durch die systematischen Zerstörungen ihrer Kolonien schon große Teile ihrer Bestände ein. Der Zweite Weltkrieg begünstigte mit der kriegsbedingten Einstellung der Verfolgung noch einmal die Entstehung neuer Kolonien. Ab den 1970er Jahren wurde die Art in den Ländern Mitteleuropas unter Naturschutz gestellt. Danach haben sich die Reiherkolonien in relativ kurzer Zeit wieder erholt, in Deutschland auf geschätzte 35.000 Brutpaare. Für die Fischer stellt dies eine inakzeptable Zunahme dar. Dabei hat der Vogel wohl nur seinen ursprünglichen Bestand erreicht. Seriöse Studien zeigen im übrigen, daß von den wirtschaftlich nutzbaren Teichfischen nur 1 % vom Reiher erbeutet werden. Dennoch wurde der Art unter dem Druck der Fischzüchter ihr Status als geschützte Spezies aberkannt, so daß sie wieder bejagt werden darf.

Graureiher nisten in bis zu 20 m Höhe auf Bäumen. Nach sechs Wochen verlassen die Jungtiere das Nest. Die Küken auf dem Druck sind etwa zwei Wochen alt.

Der Purpurreiher *Ardea purpurea*

Der Purpurreiher ist kleiner und schlanker als der Graureiher, sein Hals dünner und seine Lebensweise zurückgezogener. Er liebt das eingeengte Sichtfeld ausgedehnter Binsen- und Schilfröhrichte, in denen er sein Nest mit den türkisfarbenen Eiern verbirgt. Gould meinte, daß „dieser Vogel in seiner Körperform, seinem Gefieder und seinem Verhalten ein wenig ein Mittelding aus Graureiher und Rohrdommel darstellt". Eine gute Beobachtung. Doch anders als die Rohrdommel pflegt der Purpurreiher in Kolonien zu brüten und zeigt auch im afrikanischen Winterquartier gemeinschaftliche Verhaltensweisen. So sammeln sich die Vögel vor Sonnenuntergang in Schilfröhrichten, wo sie gemeinsam die Nacht verbringen. Es ist ein erstaunlicher Anblick, die schmächtigen Vögel zu Dutzenden inmitten einer Sumpflandschaft voller Krokodile zu sehen.

Im April kehren die Purpurreiher aus Afrika zu ihren Brutkolonien zurück. Die meisten befinden sich im Schilfgürtel des Neusiedlersees, wo man je nach Jahr um die 100 Paare zählen kann. Der Rest der mitteleuropäischen, kaum 1.500 Paare zählenden Population ist auf viele Teichgebiete verteilt, vor allem in Süddeutschland und den Niederlanden.

Das Querformat und die Haltung des Vogels, der auf seinem Nest sitzt, haben es Richter ermöglicht, ihn zu einem Drittel seiner wirklichen Größe (80 cm) abzubilden. So konnte er das Gefieder und die Schuppen an den Beinen bis ins letzte Detail wiedergeben.

Der Nachtreiher *Nycticorax nycticorax*

Der Nachtreiher ist unter den Reihern ein nächtlicher Fischer. Die Art, die fast überall in gemäßigten und tropischen Breiten vorkommt, hält sich in Europa nur während der warmen Jahreszeit auf und verläßt uns im Winter Richtung Afrika.

Die großen Augen mit der roten Iris weisen darauf hin, daß dieser Vogel erst in der Dämmerung aktiv wird. Tagsüber schlummert er, meist nicht allein, im Laub versteckt, auf einem Baum und harrt dem Sonnenuntergang entgegen, um am Ufer der Teiche die Fischjagd zu eröffnen. Laute, krächzende *Hwack*-Rufe künden ihren Aufbruch an.

Die Vögel pflegen auf Eschen oder Weiden zu nisten, die entlang der Wasserläufe auf Überschwemmungsflächen stehen. Im März oder April lassen sie sich nach ihrer Rückkehr aus Afrika dort wieder nieder, auch in Gesellschaft anderer baumnistender Reiherarten Das deutsche Vorkommen beschränkt sich fast ausschließlich auf die größeren Ströme Bayerns, hingegen sieht das restliche Bundesgebiet diesen kleinen Reiher meistens nur als Gast. Österreich beherbergt zwei Kolonien des Nachtreihers am Unteren Inn und eine in den Marchauen. Während in Frankreich und der Tschechischen Republik die Bestandszahlen ansteigen, bleibt bei uns diese Reiherart ein sehr seltener Brutvogel.

Das adulte Tier trägt im Prachtkleid zwei Schmuckfedern auf dem Nacken. Jungtiere haben bis zum Zweiten Lebensjahr ein braunes Gefieder mit gelblichen Tupfen.

Der Seidenreiher

Egretta garzetta

Der Seidenreiher ist ein Idealbild makelloser Anmut. Immer wieder verzaubert sein Anblick, ob er nahe der Küste in dem kleinen Kanal eines Salzsumpfes fischt, sich im Wasser einer Lagune spiegelt oder mit ruhigem Flügelschlag dem Wipfel einer Pinie zustrebt.

Opfer einer hemmungslosen Jagd nach seinen Federn, die als Schmuck für Damenhüte verwendet wurden, war der Vogel Ende des 19. Jahrhunderts aus Europa nahezu verschwunden. Heute vermehrt er sich wieder reichlich, da er unter Schutz steht. Zum ersten Mal profitierte er von einer solchen Maßnahme im Naturreservat der Camargue, das auf Initiative der Société Nationale de Protection de la Nature 1927 eingerichtet wurde. Die 1854 gegründete Gesellschaft ist der älteste Naturschutzverein Frankreichs.

Frankreichs Seidenreiherpopulation expandierte daraufhin spektakulär von der Aquitaine bis zur Atlantikküste. Gegenwärtig nistet in Frankreich ein Sechstel des europäischen Bestands, der ungefähr 30.000 Paare umfaßt. In Deutschland und Österreich sehen wir Seidenreiher zwar regelmäßig, vor allem am Neusiedlersee und den großen Seen des süddeutschen Alpenvorlands, ja es brütete sogar schon ein Paar auf deutschem Boden und vier bis fünf am Neusiedlersee, doch liegen die meisten mitteleuropäischen Brutkolonien in Ungarn, vereinzelt im Gebiet der ehemaligen Tschechoslowakei und den Niederlanden.

Reiherkolonien finden sich in Pinien-, Zypressen-, Weiden- und Tamariskenwäldern, wo Seidenreiher oftmals in der Nachbarschaft anderer Reiherarten leben.

Zur Zeit Goulds trat der Seidenreiher auf den Britischen Inseln nur sporadisch auf. Heute unternimmt er dorthin regelmäßige Einfälle.

Der Weißstorch

Ciconia ciconia

Audubon war immer bestrebt, Vögel im Maßstab 1:1 abzubilden, mochten sie noch so groß sein. Bei ihrem Storchenporträt wollten Gould und Richter ebenso wie er – ohne Verkleinerung des Gegenstands – soviel von dem Vogel wie möglich zu Papier bringen. Der Vogel ist daher abgeschnitten. Man sieht nur seinen Kopf und Hals über drei Storchenküken im Dunenkleid ragen. Zur Vervollständigung bildete man ihn im Hintergrund in einem Nest stehend ab. Zwei Merkmale dieser großen Stelzvögel werden so präsentiert: ihre langen Beine und ihre Gewohnheit, auf Gebäuden zu nisten. Ein weiteres Detail zeigt der Druck: Störche nehmen tierische Nahrung zu sich, die zum Teil aus Fröschen besteht.

Der Weißstorch ist der einzige große Vogel, der sich an den Lebensraum der Menschen angepaßt hat. Er wird von ihnen als Glücksbringer willkommen geheißen und überall respektiert, wo er sein Nest baut. Auf seinen Zugwegen und in seinen Winterquartieren fehlt jedoch eine solche Tradition. So werden Störche in Westafrika wegen ihres Fleisches gejagt. Der allgemeine Rückgang der Spezies seit dem 19. Jahrhundert ist im wesentlichen hierauf zurückzuführen, wobei die zunehmende Verbreitung von Schußwaffen diese Entwicklung verschärfte. Doch auch das Trockenlegen von Sümpfen, elektrische Überlandleitungen, denen viele der Vögel zum Opfer fallen, der Einsatz von Insektengiften und eine immer einförmigere Natur spielen eine Rolle.

So gelten die deutschen, westziehenden Störche als nahezu ausgestorben, hingegen weisen die Ostzieher aus den Brutgebieten Nord- und Nordostdeutschlands sowie Bayerns immer noch mehr als 4.000 Paare auf. In Bayern, mit um die 100 Brutpaare beider Zugrichtungen, ist eine kleine Erholung der Bestandseinbrüche absehbar.

Der Seeregenpfeifer *Charadrius alexandrinus*

Fluß-, See- und Sandregenpfeifer sind perfekt an ihren Lebensraum angepaßte, rundliche Vögel mit erdbraunem Gefieder, weißschwarzer Kopf- und Halszeichnung und kurzem Schnabel. Sie haben eine typische Art zu laufen, die an ein rollendes, mechanisches Spielzeug erinnert. Von den drei Arten ist der Seeregenpfeifer am hellsten. Er trägt an der linken und rechten Seite der Brust zwei dunkle Streifen, während die beiden anderen ein schwarzes Brustband ziert. Zu erkennen ist der Vogel an der schwarzen Färbung von Schnabel und Beinen und seinem in Serie vorgetragenen Ruf: *tiü tiü*.

Der Seeregenpfeifer fühlt sich am Meer wohler als seine zwei Verwandten und kommt ausschließlich auf den salzigen Böden von Sandstränden, ausgetrockneten Schlickflächen, Salzsteppen und Salzlacken vor. Dort brütet er auch. Nachdem das Männchen – sich unter den Blicken seiner Partnerin auf der Stelle drehend – eine Mulde gegraben hat, legt das Weibchen drei Eier in den Sand. Oft weht der Wind diese Vertiefung wieder zu, doch hat das Paar nie Mühe, das Gelege wiederzufinden. Die Küken können sofort nach der Geburt laufen und verstecken sich bei der geringsten Störung.

Der Seeregenpfeier pflanzt sich in Europa mit Ausnahme der Britischen Inseln an allen felsenlosen Küsten – vom Süden Schwedens bis Griechenland – fort. Bei uns ist er an der Nordseeküste und den vorgelagerten Inseln zuhause, besiedelt aber auch die Salzlacken des Seewinkels im Burgenland. Die allsommerliche Touristeninvasion an den Stränden behindert ihre Fortpflanzung. Andererseits entstehen dadurch Ersatzlebensräume in Form von Erddämmen oder Parkplätzen. Doch trotz aller Anpassung gehen die Bestände zurück.

Im Bild rechts wacht das Männchen über seine Familie.

Der Kiebitz *Vanellus vanellus*

Der Schopf, der beim Weibchen etwas kürzer ausfällt als beim Männchen, ist das Markenzeichen des Kiebitzes, einem Mitglied aus der Familie der Regenpfeifer. Verpaarte Vögel fallen im Frühling durch ihre akrobatischen Flugkünste auf. Kerzen, Stürzflüge, Zickzacks und sogar Rollen gehören zu ihrem Figureninventar. Bei diesen Vorführungen, die von gemaunzten Rufen begleitet werden, kann man die schwarzweiße Unterseite der breiten, runden Flügel sehen.

Nicht weniger spektakulär ist der Anblick der fein aufeinander abgestimmten Flugbewegungen der Kiebitze, wenn sie sich Ende Februar, Anfang März wieder bei uns in Schwärmen einfinden. Dabei kann man das rhythmische Geräusch hören, das der Vogel beim Fliegen verursacht. Den Namen Kiebitz verdankt er seinem eigentümlichen Lock- und Warnruf, der wie *kie-wit* klingt.

Kiebitze kommen auf offenen Flächen vor, die freie Sicht, niedrigen Pflanzenwuchs, feuchten Boden und die Nähe von Wasser bieten. Sie ernähren sich von Insektenlarven, kleinen Weichtieren und Würmern, die sie trippelnd und mit wiegenden Bewegungen aufpicken.

Sie nisten am Boden in Wiesen, auf Feldern und in Sümpfen, wo sie vier Eier ausbrüten. Die Küken, die ein mehrfarbiges Dunenkleid tragen, können bereits zwei Stunden nach dem Schlüpfen laufen.

Der typische Lebensraum des Kiebitzes ist das Dauergrünland. Doch ist er anpassungsfähig und weicht auch bei Verlusten von Wiesen auf Ackerflächen aus. Dennoch ist der Bestand rückläufig. In unserem Gebiet fehlt er in den Mittelgebirgen und den Alpen und findet seine höchsten Dichten im flachen Norddeutschland.

Der Steinwälzer *Arenaria interpres*

Kleine Watvögel brüten zahlreich in nordischen Regionen – bis hin zu den Tundren und den Inseln der Arktis –, während ihre Züge sie weit hinab in südliche Gefilde führen. Für sie, ist es nichts Ungewöhnliches im Jahr eine Strecke zurückzulegen, die einem Viertel des Erdumfangs entspricht. Bei den Steinwälzern ist es nicht anders. Wer von ihnen an den westlichen Gestaden Europas haltmacht oder dort den Winter verbringt, kommt von den Küsten Skandinaviens, Finnlands und des arktischen Rußlands oder aus Grönland und dem Nordosten Kanadas. Die Vögel können beachtliche Strecken – 800 bis 1.500 km und mehr – im Nonstopflug bewältigen. Auf diese Weise erreichen grönländische und kanadische Exemplare in nur drei bis vier Etappen die afrikanische Küste.

Wie ihr Name besagt, ist es ihre Spezialität, auf ihren kurzen Beinen trippelnd mit dem Schnabel Steine oder andere Objekte umzudrehen. An Stränden und auf Felsen ernähren sie sich so von darunter verborgenen Strandschnecken und kleinen Krustentieren. Vom Sommerende bis zum Frühling kann man sie an der Atlantikküste beobachten – in mit den Jahreszeiten wechselndem Gefieder. Im Winter ist der Steinwälzer dunkelbraun mit weißer Kehle und weißem Bauch. Sein Prachtkleid bildet eine sehr lebhafte Mischung aus schwarzen, weißen und intensiv rotorangen Tönen.

Am Strand verstreut sieht man Gehäuse von Weichtieren, während der Vogel in der Mitte eine Kammuschel umdreht. Rechts wird der Steinwälzer im Winterkleid gezeigt.

Der Rotschenkel *Tringa totanus*

Der Rotschenkel ist eine etwa turteltaubengroße Schnepfe mit eleganter Silhouette. Seine Gestalt ist stromlinienförmig, der Schnabel lang und gerade. Die Beine sind lang und dünn, die Flügel spitz, seine Bewegungen die eines Zugvogels, der große Strecken zu meistern weiß. Man faßt ihn mit weiteren Arten zur Gruppe der Wasserläufer zusammen. Acht europäische Arten zählt sie, sieben davon sind in Deutschland zu finden, doch nur vier pflanzen sich dort fort: der Flussuferläufer, der Bruchwasserläufer, der Waldwasserläufer und der Rotschenkel.

Am leichtesten unterscheidet man die Wasserläufer an ihrer Stimme. Der weitreichende Ruf des Grünschenkels *kjück-jück-jü* ist so unverwechselbar, daß der Vogel schon aus der Ferne und auch in der Nacht identifiziert werden kann. Der Waldwasserläufer stimmt beim Auffliegen ein helles, nicht weniger charakteristisches, gepfiffenes *tlui-it-it-it* an. Das melodische *djü-düdü* des Rotschenkels prägt die akustische Landschaft an Küsten, in Buchten und Flussmündungen, die er wie viele andere Watvögel aufsucht. Um die tausend Rotschenkel, zum Großteil isländischer Herkunft, verbringen den Winter an der Küste des deutschen Wattenmeers. Sie stellen nur einen winzigen Bruchteil der europäischen Bestände dar, deren Überwinterungsgebiete sich von der Nordsee bis zum tropischen Afrika erstrecken.

Im März und April quartieren sich die Brutpaare in den Küstengebieten ein, wo sie gerne mit Kiebitzen Kolonien bilden, da diese aufmerksame Wächter gegen Krähen sind. Oftmals liegen die Nester der beiden Spezies nur Schritte voneinander entfernt im feuchten Weidegras. Einige Brutpaare finden man auch im Binnenland Ostdeutschlands, Niedersachsens, des Rheinlandes, Bayerns und Ostösterreichs.

Der Druck zeigt zwei adulte Vögel und ein Jungtier.

Der Waldwasserläufer

Tringa ochropus

Zwei Eigenschaften, die uns der Druck auf Anhieb erfassen läßt, zeichnen diesen Wasserläufer aus: die schwärzliche Färbung der Flügelunterseite, die unter den europäischen Arten der Gattung nur bei ihm auftritt, und sein einzigartiges Brutverhalten. Denn kein anderer Watvogel hat sein Nest auf einem Baum.

Er baut es nicht selbst, sondern quartiert sich zur Eiablage in ein altes Drossel- oder Ringeltaubennest ein. Die Küken sind Nestflüchter und müssen einen Tag nach ihrer Geburt aus 10 m oder noch höher auf den Erdboden hinabspringen. Die Anordnung der vier konischen Eier mit dem spitzen Ende zur Nestmitte ist für Watvögel typisch. Würde der Vogel sie anders positionieren, wäre der Brutvorgang wegen ihrer Form und Größe nicht so effizient.

Der Waldwasserläufer hält sich vorzugsweise an den Ufern von schattigen oder eng eingebetteten Süßwassern auf und überläßt offene Schlickflächen und Strände den übrigen Watvögeln. Er neigt zum Einzelgängertum und wird daher meistens allein angetroffen. Er wäre kaum zu bemerken, würde er nicht beim Auffliegen einen hellen, flötenden Ruf ausstoßen, der wie *tlui* klingt.

Die deutschen Brutvorkommen stellen im Süden die westlichsten Vorposten dar. Die verlandenden Gletscherrestseen in Mecklenburg-Vorpommern zeigen besonders günstige Bedingungen für diesen Vogel, dennoch zieht sich der Kreis der Brutnachweise von Schleswig-Holstein, über Niedersachsen, Hessen, Nordbayern bis hin zur Böhmischen Masse. Die Hauptbrutgebiete des Waldwasserläufers bilden von Norwegen bis Westsibirien die Sümpfe der borealen Wälder Eurasiens.

Der Austernfischer *Haematopus ostralegus*

An den Küsten setzt jede Ebbe Scharen von Vögeln in Bewegung, die sich auf der vom Meer freigegebenen Fläche mit Nahrung versorgen. Unter ihnen befindet sich der Austernfischer, ein taubengroßer Strandvogel mit langem, rotem Schnabel, schwarzweißem Federkleid und durchdringender Stimme. Seine Nahrung sind normalerweise nicht Austern, sondern andere zweischalige Weichtiere, vor allem Herz- und Miesmuscheln. Er öffnet sie mit seinem messerscharfen Schnabel, den er auch als Meißel und Sonde einsetzt.

Aufgeregtheit und Geselligkeit liegen in seiner Natur und manifestieren sich zum Teil in eigenartigen Zeremonien. Hierbei stellen sich die Vögel gegenüber oder im Kreis auf. Mit vorgestrecktem Hals und zum Boden gerichteten Schnabel geben sie eine Folge von Pfeiftönen von sich, die in einem Triller enden.

Austernfischer-Paare bleiben einander über Jahre treu. Die Küken werden auch von Verwandten geschützt werden bis zum Flüggewerden im Alter von fünf Wochen gefüttert. Wenn sie im Juli und August selbstständig werden, setzt die Zugzeit ein, die den Austernfischer von Nordeuropa bis nach Portugal und an die afrikanische Küste führt. Viele bleiben auch im Wattenmeer zurück. Die Zahl der in Deutschland überwinternden Austernfischer wird auf etwa 100.000 geschätzt. Brutpaare zählt man über 10.000. Sie halten sich an der Nordseeküste auf, dringen aber an den Flüssen Rhein, Ems, Weser, Aller, Elbe und Oder bis zu 100 km landeinwärts vor.

Der Säbelschnäbler *Recurvirostra avosetta*

An einem Strand, den Algen, Muschelschalen und Krabbenpanzer übersäen, öffnet sich der Blick aufs Meer. Seeschwalben fischen in den blauen Fluten, und ein Dampfschiff zieht am Horizont vorüber. Wollte man heute zeigen, daß die Erde ein zivilisierter Planet ist, müßte dieser Strand mit buntem Plastikmüll bedeckt sein.

Säbelschnäbler brüten in meeresnahen Kolonien auf flachen Laguneninseln und in den Salzsümpfen, aber nicht auf den Gezeiten ausgesetzten Stränden, wie es der Druck glauben machen will. Dagegen sind die etwa drei Wochen alten Jungen groß genug, um sich von der Kolonie abzusondern. Von Geburt an sind sie fähig, unter der Leitung der Altvögel im Schlick und auf dem Wasser eigenständig Nahrung aufzunehmen.

Mitte des 19. Jahrhunderts war es mit der Fortpflanzung der Säbelschnäbler in Großbritannien zu Ende, nachdem ihre letzten Kolonien durch Entwässerung, Nestplünderung und Jagd zerstört worden waren. Gould stellte diese Mißstände an den Pranger. Ein ganzes Jahrhundert und äußerst strenge Schutzmaßnahmen waren nötig, bevor sich der Säbelschnäbler – wohl von Deutschland und den Niederlanden aus – an der Ostküste Englands wieder ansiedelte. In Mitteleuropa ist es um den Vogel besser bestellt. Während die deutschen Brutpaare sich in der Leybucht im Nationalpark Wattenmeer und im Ostseeraum auf Fehrmarn akkumulieren, besitzt Österreich am Neusiedlersee das auf 120 m gelegene, höchste mitteleuropäische Brutvorkommen.

Die Uferschnepfe *Limosa limosa*

Die Schnepfen der Gattung *Limosa* gehören zu den „großen Watvögeln" – hochbeinigen, 40 bis 50 cm großen Vögeln. Diese Limikolen zeichnet die Länge des geraden oder leicht aufgebogenen Schnabels aus. Bei der Uferschnepfe erreicht er 13 cm. Die zweite europäische Art, die Pfuhlschnepfe, ist etwas kleiner, der Schnabel kürzer und leicht nach oben gebogen, das Gefieder einförmiger und ohne weißen Flügelstreif und schwarze Endbinde. Sie pflanzt sich in den arktischen Regionen Skandinaviens und Sibiriens fort. Im Winter bevorzugt sie die Meeresküsten.

Beide Spezies sind gesellig und gehen in dichten Gruppen auf Nahrungssuche. Die wesentlichen deutschen Brutplätze der Uferschnepfe im Emsland sowie in Ost- und Nordfriesland schließen an die niederländischen an. Daneben brütet sie aber auch entlang der Ostseeküste und in den Talauen von Niederrhein, Weser, Elbe und Oder; kleinere Vorkommen am Main, in Franken und in Ostbayern gelten als stark bedroht. Österreich hat zwei Vorkommen, im Rheindelta am Bodensee und im Burgenland. Ihr Lebensraum sind tiefgründige, feuchte Standorte, die kaum mit Bäumen bestanden sind. Uferschnepfen, die sich in den Niederlanden, Norddeutschland, Dänemark oder noch weiter östlich fortpflanzen, verbringen den Winter in den Überschwemmungsgebieten des Senegals und Guineas.

Der Druck soll den Größenunterschied und das jeweils nach Geschlecht und Jahreszeit variierende Gefieder veranschaulichen. Das Weibchen im Winterkleid ist am größten.

Der Große Brachvogel *Numenius arquata*

„Daß ein und derselbe Vogel vermag, im Winter die Schlick- und Uferflächen der Meeresküste, im Sommer einzig und allein die Heide- und Moorlandschaften des hügeligen Landesinneren zu bevölkern, das zeichnet den Großen Brachvogel aus. So erblicken seine Jungen in Binsen oder auf blühender Erika das Licht des Tages." Was Gould auf den Britischen Inseln so staunen ließ, gilt nur äußerst selten für Deutschland. Dort brüten zwar mehrere tausend Brachvögelpaare in kleinen, losen Kolonien, doch gibt es nur selten Überwinterungen im Gebiet. Die meisten emigrieren ins nahegelegene südwesdtliche Europa. Brachvögel fühlen sich vorzugsweise in Gegenden wie Feuchtwiesen, Moorböden und Erikaheiden zu Hause, die sie sofort nach Ende der Brutzeit wieder verlassen. In der Folgezeit begegnet man ihnen dann an den großen, verschlammten Flussmündungen der Küstenregionen, vor allem sind hier der Ärmelkanal und der Atlantik zu erwähnen. Eine Legion von fast 20.000 Vögeln – der Großteil aus Nordeuropa herabgezogen – hält sich dort im Januar auf.

Der 12 bis 18 cm lange Schnabel des Großen Brachvogels ist eine höchst empfindliche Sonde. Dank des reich mit Tastpapillen ausgestatteten Nervengewebes kann der Vogel die Vibrationen spüren, die seine Beutetiere – Wattwürmer am Meer, Regenwürmer im Landesinnern – durch ihre Bewegungen im Boden verursachen.

Das zauberhafte Bild zeigt einen Altvogel und seine Küken in einer Heidekraut-Landschaft, wie sie auch für manche Brutgebiete in Niedersachsen typisch ist.

Die Bekassine *Gallinago gallinago*

Vögel beherrschen auch Instrumentalmusik. Der Specht ist ein Trommler, die Bekassine auf ihre Art eine Vibraphonistin. Ihren Ton erzeugt sie mit den äußersten Steuerfedern, die steif wie Stäbchen sind und weit auseinander stehen. Wenn der Vogel balzt und sich dabei in schräger Flugbahn zu Boden fallen läßt, werden sie durch den entstehenden Luftzug kräftig zum Vibrieren gebracht. Dieses *Wwwwwww...* klingt eigenartig, melodisch und geheimnisvoll. Die Bekassine kennt auch einen Vokalgesang. Sie stimmt ihn im Flug an oder wenn sie bei ihrem Nest hockt, das in der dichten Sumpfvegetation verborgen ist.

In Baden-Württemberg stellt es eher die Ausnahme dar, den Liebesbekundungen der Bekassine beiwohnen zu können. Sie pflanzt sich dort zwar regelmäßig fort, aber sehr lokal, meistens zwischen der schwäbischen Alb und dem Bodensee. Ansonsten ist die Bekassine in allen Bundesländern außerhalb der Mittelgebirge vertreten, allerdings mit abnehmender Tendenz. Ihren Lebensraum bilden feuchte Heiden, Torfsümpfe, leicht beweidete Sumpfwiesen und Teichufer. Durch eine intensivere Landwirtschaft verlieren die Brutplätze an Qualität.

Auch die Jagd während des Zuges und in den Überwinterungsgebieten dürfte nicht unbeteiligt daran sein, daß der Vogel seltener wird und Bestandseinbußen von fast 80 % hat. Die Bekassine ist in Frankreich einer der gesuchtesten Wildbrete, so daß schon die erste Etappe des Wegzuges das Ende des Individuums bedeuten kann.

Die Waldschnepfe *Scolopax rusticola*

Als einziger Watvogel Europas hat sich die Waldschnepfe an das Leben im Wald angepaßt. Doch stellt dies nur eine ihrer Besonderheiten dar. Während ihre Verwandten mehr oder weniger gesellig, tagaktiv und fast alle monogam sind, ist sie polygam, dämmerungsaktiv und ein Einzelgänger.

Macht man nicht gerade mit einem Hund Jagd auf sie oder hält abends, wenn sie ihren Schlupfwinkel verläßt, am Waldrand nach ihr Ausschau, dann ist eine Begegnung mit ihr reine Glückssache. Und selbst dann sieht man nur einen braunen, taubengroßen Vogel, der von unseren Schritten aufgeschreckt, hochfliegt und im Zick-Zack zwischen den Bäumen verschwindet.

Die vielgerühmte Qualität als Wildbret und die geheimnisumwitterte Lebensweise haben zu der „langschnäbligen Dame" eine umfangreiche Literatur entstehen lassen. Ihr wie Falllaub gefärbtes, grau-beige und schwarz gesprenkeltes Gefieder übt auch auf das Auge der Maler großen Reiz aus. Zu den besten Abbildungen des lebenden Tieres zählen Wolfs Aquarelle. Eines seiner ersten in England ausgestellten Werke, das beim Salon von 1849 zu sehen war, gab Gould in Auftrag. Thema: eine am Boden kauernde Waldschnepfe. Auf der Lithographie aus dem Jahre 1866 schmückte Richter die Szenerie mit dem Eigentlichen Hasenglöckchen – eine Zugabe, die Wolf wegen ihrer dekorativen Ambitionen heftig kritisierte.

Der Wachtelkönig *Crex crex*

Die lateinische Bezeichnung gibt in präziser Lautmalerei den Ruf den Vogels wieder. Wenn es Mai wird und er aus Afrika zurück ist, stimmt er ihn, meistens nächtens und im hohen Gras verborgen, in nicht endenden Wiederholungen an.

Der Wachtelkönig gehört zu den am meisten gefährdeten Arten Europas. In Deutschland gibt es nur noch ca. 260, in Österreich knapp über 100 fortpflanzungsfähige männliche Exemplare, jeweils in viele kleine Populationen bis Einzelindividuen aufgesplittert und über das ganze Land verteilt. Den Rückgang der Bestände stellte man bereits Anfang des 20. Jahrhunderts fest. Ab den Fünfzigerjahren trat jedoch eine Verschärfung ein. Durch das maschinelle Schneiden und Einbringen des Grases wurden die jungen Wachtelkönige getötet, bevor sie flügge werden konnten. Die noch existierenden Populationen haben sich auf die Feuchtwiesen von Überschwemmungstälern zurückgezogen, wo Frühjahrshochwasser und Grundwasserspiegel das Pflanzenwachstum so beeinflussen, daß der Mähtermin später angesetzt werden muß.

Der Wachtelkönig scheint zu einem langsamen Aussterben verurteilt. Zu verhindern ist dies nur, wenn sich die Landwirte davon überzeugen lassen, das Viehfutter später oder auf speziellen Flächen einzubringen, um den Vögeln Zeit zu geben, ihre Jungen aufzuziehen.

Das Bild zeigt ein Wachtelkönigpaar mit seiner etwa zwei Wochen alten Brut. Die blühende Pflanze ist ein Taubenkropf-Leimkraut, die Libelle ein Azurjungfernmännchen.

Die Wasserralle *Rallus aquaticus*

Die Wasserralle verhält sich in den Sümpfen nicht weniger heimlich als der Wachtelkönig auf den Futterwiesen. Kaum, daß man einen Blick erhascht, wenn sie mit ihrem langen, rötlichen Schnabel und dem schmalen, an den Flanken zebragestreiften Körper durch Seggen und Simsen schlüpft. Dafür hört man sie um so besser – vor allem in der Zeit der Balz. Ihre explosiven Rufe, die mit einem ersticktem Grunzen schließen, lassen eher an ein Ferkel denken, das geschlachtet wird. Sie und das Brüllen der Rohrdommel haben wohl zu dem Ruf beunruhigender Fremdheit beigetragen, der das versteckte Leben in den Sümpfen umgibt.

Wie alle ihre Verwandten fliegt die Wasserralle nicht gerne. Tut sie es doch, dann nur wenige Meter weit und knapp über dem Gras, in das sie sich mit hängenden Beinen wie am Ende ihrer Kraft wieder fallen läßt. Dabei sind Rallen zu echten Zügen imstande. Jedes Jahr legt der Wachtelkönig auf den nächtlichen Flügen zwischen seinem Sommerquartier und den Überwinterungsgebieten in Afrika mehrere tausend Kilometer zurück. Die von den Wasserrallen bewältigten Strecken sind kürzer und variieren je nach der geographischen Herkunft der einzelnen Vögel. In Kontinentaleuropa zeigen sie ein regelmäßiges Zugverhalten und suchen ihre Winterqaurtiere im Westen und Süden des Kontinents oder sogar in Nordafrika.

Die Wasserralle stellt keine großen Ansprüche an die Größe ihres Brutreviers. Kleine Sümpfe an Bächen oder rings um Pfuhle reichen ihr zum Aufziehen der Küken aus. Diese tragen ein schwarzes Dunenkleid mit weißem Schnabel (siehe Bild), der den Eltern hilft, sie leichter wiederzufinden.

Das Bläßhuhn *Fulica atra*

Im Winter sieht man sie zu Hunderten wie schwarze Kugeln auf den großen, eisfreien Seen treiben. Dieser Vogel wird, ebenso wie die folgende Art, fälschlicherweise als „Huhn“ bezeichnet, obwohl das Bläßhuhn eine Ralle ist und in die Verwandtschaft der Kranichvögel gehört.

Den Großteil seines Daseins verbringt es mit Schwimmen und Tauchen auf offenen Wasserflächen. Außerhalb der Brutzeit sind die Vögel gesellig und suchen gemeinsam in brackigen Lagunen oder im Süßwasser nach Schwimm- oder Unterwasserpflanzen, die zu ihrer Nahrung gehören. An den Ufern weiden sie zu Fuß das Wiesengras ab. Man sieht dann ihre Zehen, die mit lappenartigen Schwimmflossen ausgestattet sind. Als Allesfresser gehen sie auch auf tierische Beute aus. Vor allem die Wandermuscheln der Gattung *Dreissena* fallen ihnen zum Opfer, von denen es in manchen Seen nur so wimmelt und die sie aus zwei bis drei Metern Tiefe nach oben holen.

Mit Beginn der Brutsaison weicht die Geselligkeit dem Revierinstinkt und heftigen Streitigkeiten unter Nachbarn. Die Männchen geraten aneinander, richten sich im Wasser auf – was aussieht, als würden sie auf ihrem Schwanz sitzen –, und schlagen einander heftig mit Flügeln und Beinen, wobei sie alle Krallen ausfahren. Diese Aggressivität kann auch andere Spezies wie Enten oder Teichhühner treffen, doch nur im Umkreis des Brutplatzes, wo auf einer sorgfältig angelegten Plattform dicht über der Wasseroberfläche das Nest gebaut wird. Wolf zeigt es auf seiner Zeichnung. Durch die reizvolle und wirklichkeitsgetreue Wiedergabe bleibt das Bild für das Genre beispielhaft, auch wenn es schon 140 Jahre alt ist.

Das Teichhuhn *Gallinula chloropus*

Dieses Bild illustriert ein weiteres Mal Joseph Wolfs kompositorisches Talent. Es ist um die weißen Blütenblätter der großen Seerose angelegt. Sie wurde leicht links plaziert und erhält rechts ein Gegengewichtdurch die Flankenstreifen und die weiß-schwarzen Schwanzfedern der Vögel. Auf den Blättern hocken frischgeschlüpfte Küken aus einem der drei bis vier Gelege, die ein Paar jedes Jahr ausbrütet.

Kaum geschlüpft, folgen die Jungen ihren Eltern ins Labyrinth der Wasserpflanzen, so daß man sie fast nie mit der farbigen Maske sieht, die sie in ihren ersten Lebenstagen tragen.

Teichhühner findet man an allen Süßwassern Europas, noch an den bescheidensten Tümpeln. Mancherorts sind sie zutraulich und zeigen sich ganz offen. Dann kann man zusehen, wie sie leicht und unter ständigem Kopfnicken dahinschwimmen oder ohne jede Deckung an Stadtteichen herumspazieren. Anderswo sind sie furchtsam und scheu wie andere Rallen und führen ein verborgenes Dasein inmitten der Vegetation von Sümpfen. Wenn im Winter nur ein paar Wasserflächen unvereist bleiben, sind sie bei uns Jahresvögel, im Osten und Norden Europas dagegen meistens Zugvögel. Überall paßt sich das Teichhuhn mühelos menschlichen Eingriffen an und nutzt das kleinste neugeschaffene Gewässer, um sich dort anzusiedeln. Seine Population scheint daher, trotz der Verluste natürlicher Habitate, stabil zu sein.

Der Singschwan

Cygnus cygnus

Der Schwan par excellence, den man überall auf Stadtteichen, Kanälen und Seen zu Gesicht bekommt, ist der stumme Höckerschwan. Im Abendland seit Jahrhunderten als Ziervogel eingewöhnt, gibt es ihn in wilder Form noch im Donau- und Wolgadelta und östlich davon bis Zentralasien. Dem gleich großen Singschwan fehlt der Höcker auf dem Schnabel, der bei ihm an der Wurzel zitronengelb ist. Er hat einen schlankeren Hals und eine trompetende Stimme. Bis zu 14.000 Exemplare überwintern an den Küsten Dänemarks, Südschwedens, Schleswig-Holsteins und Mecklenburg-Vorpommerns, nur wenige, aber bis zum Alpenrand, auch im Binnenland.

Deutschland liegt an der Grenze des Verbreitungsgebiets der Singschwäne, die sich in Polen (Einzelbruten), Schweden, Finnland, den Staaten des Baltikums und im Norden Rußlands fortpflanzen. Ihre Überwinterungsgebiete erstrecken sich von der Ost- bis an die Nordsee. Die Britischen Inseln haben Glück. Sie nehmen im Winter das Gros der auf Island brütenden Schwäne auf – zwischen 5.000 und 6.000 Vögel. Nirgends beeindrucken die majestätischen Vögel jedoch stärker als am Kaspischen Meer, wo sie nachts zu Tausenden miteinander kommunizieren. Ihre kurzen, modulierten Laute, die sie in unendlich vielen Klangfarben variieren, hallen in der Ferne als ununterbrochenes Glockenspiel wieder.

Schwäne sind Pflanzenfresser. Wasserpflanzen schätzen sie besonders, vor allem Laichkraut, das auch der Schwan auf dem Bild im Schnabel trägt.

Die Nonnen- oder Weißwangengans *Branta leucopsis*

Wenn Nonnen früher zu ihrer althergebrachten Tracht ihren Schleier anlegten, präsentierten sie ein schwarz umrahmtes, weißes Antlitz – wie diese Gans, die deshalb nach ihnen benannt wurde.

Der weltweite Bestand der Art liegt um die 100.000 Vögel. Ihre Brutgebiete befinden sich in arktischen Regionen auf Grönland, Spitzbergen, Nowaja Semlja und in Westsibirien.

Ungewöhnlich für einen Vogel dieser Dimension brütet die Nonnengans auf Felsklippen, -bändern und -vorsprüngen. Die Vögel, die in den Regionen von Grönland und Spitzbergen brüten, überwintern ausschließlich auf den Britischen Inseln und Irland. Die größte unter ihnen ist die sibirische Population. Sie bezieht ihre Winterquartiere in den Niederlanden, wo sie die Polder Fries- und Seelands ausucht. Doch auch das deutsche Wattenmeer kommt als Überwinterungsgebiet in Frage. Von dort aus können manche Gruppen auch nach Frankreich gelangen oder sogar bis in den Süden Deutschlands vordringen, wo Nonnengänse am Bodensee und in Bayern gesichtet werden. Tag für Tag verschlingt eine Gans im Winterquartier etwa 140-160 g Trockensubstanz an Gräsern, Kräutern, aber auch Algen oder Wintersaat.

Bei den Gänsen bestehen Trupps aus Familien, da sie den ganzen Winter über zusammenbleiben. In der Regel umfassen die fünf- bis siebenköpfigen Gruppen die beiden Alttiere und die Jungen des letzten Geleges. Im Frühling, wenn die Vögel zu den Brutgebieten zurückkehren, lösen sich die Familien auf, doch bleibt die Paarbindung erhalten. Von der Treue der beiden Partner hängt der Erfolg der nächsten Fortpflanzungsperiode ab.

Die Ringelgans *Branta bernicla*

„Um diese Art in freier Natur zu sehen,“, schreibt Gould, „muß sich der Vogelkundler zwischen November und Februar zur Themsemündung begeben oder an die niedrigen Küsten von Sussex, Suffolk und Norfolk.“ Wer sie in Deutschland beobachten will, muß zwischen April und Mai das Wattenmeer aufsuchen, wo die gesamte Weltpopulation dieses Vogels Einzug hält. Die Ringelgänse befinden sich dann auf dem gesammelten Rückzug zu den Brutplätzen.

Die kleinen, am Meer beheimateten Vögel kommen von weit her. 6.000 km haben sie zurückgelegt, seitdem sie im arktischen Sibirien von den Küstentundren der Halbinsel Taimyr aufgebrochen sind. Sie brüten nur in der zirkumpolaren Region, die für Naturforscher jahrelang nahezu unzugänglich war, so daß man die Bedingungen für ihre Fortpflanzung erst seit kurzem kennt. Doch wußte man auch früher schon anhand der Anzahl der Jungtiere, ob die vorhergehende Brutsaison gut oder schlecht verlaufen war. Man fand auf diese Weise heraus, daß die Art sich durchschnittlich nur einmal in drei Jahren erfolgreich fortpflanzt. Die Härte des arktischen Sommers ist Ursache für die Schwankungen.

Der Druck setzt das Gefieder mit den düsteren Farbtönen in Szene und präsentiert uns einen Ausblick auf die Schlicklandschaften, wo die Gänse in Trupps weiden. Im Vordergrund sieht man die *Delesseria*, eine Rotalge. Tatsächlich ernähren sich Ringelgänse von Grünalgen, vor allem von Seegräsern – Meerespflanzen, die in Salzwasser auf dem Grund von Buchten und geschützter Ästuare gedeihen.

Die Bläßgans *Anser albifrons*

Bläßgänse, die im Winter die Küsten Mitteleuropas aufsuchen, stammen aus dem äußersten Norden Rußlands und Sibiriens. Die Tundren rings um das Nördliche Eismeer sind ihre Brutgebiete. Sie liegen auf den Halbinseln Kanin, Jamal, Taimyr und der Insel Nowaja Semlja. Andere Bläßgänse brüten noch weiter östlich bis hin zur Beringstraße, in Alaska, der kanadischen Arktis und im Westen Grönlands. Weder Gould noch Richter, die ihren Druck 1871 anfertigten, hatten der Brutzeit jemals beigewohnt.

In den nordischen Breiten, wo die Fortpflanzung der Bläßgänse stattfindet, sind die Sommer kurz. Die Ereignisse, – Paarung; Eiablage, Brüten, Aufzucht der Jungen und Mauser der Altvögel – laufen in hundert Tagen ab. Immer kann das Wetter alles gefährden. Deshalb sind in manchen Jahren Jungtiere selten oder fehlen ganz.

In England ist die Bläßgans von November bis Februar allgemein verbreitet. In Deutschland halten sich mehrere 10.000 Tiere an den Küsten auf. Österreich hat zusammen mit den Anrainerstaaten Ungarn und dem Balkan einen Winterbestand von 100.000 Bläßgänsen. Nur bei strengen Kälteeinbrüchen ziehen die Gänse weiter west- bzw. südwärts, nach Frankreich oder Italien und Griechenland. Im Januar 1963 und Januar/Februar 1979 kam es zu einer solchen Situation. Bläß- und Nonnengänse finden sich während des Winters in großen Ansammlungen auch auf den Poldern von See- und Friesland ein. Sie bieten exzellente Weidegründe und Zuflucht vor Störungen durch Jäger. Für Schäden, die von den Vögeln in den Futterwiesen angerichtet werden, kommt der niederländische Staat auf, ein gutes Beispiel den Konflikt Landwirtschaft versus Wildvögel zu entschärfen.

Die Brandgans *Tadorna tadorna*

Halbgänse – große Schwimmvögel mit bei beiden Geschlechtern fast identischem, mehrfarbigem Gefieder – sind ein Mittelding aus Ente und Gans. Sie leben an flachen Uferlandschaften, wo sie die Schlickflächen nach Weichtieren abzusuchen oder auf dem Wasser und im Schlickgras zu schlafen. Die in Europa am weitesten verbreitete Art ist die Brandgans.

Wegen der lebhaften Farben des Gefieders versteckt sich das Weibchen zum Brüten in einem dunklen Kaninchenbau, unter einem Felsen oder in einem dichten Busch. Sogar in einem bewohnten Fuchsbau kann es Unterschlupf suchen, was der Hausherr im allgemeinen duldet. Das Männchen hält in der Nähe Wache und bringt, vom Weibchen eskortiert, die jungen Brandgänse zum Wasser. Bald schon werden sie von den Elterntieren verlassen. Mehrere Bruten schließen sich dann, beaufsichtigt von ein oder zwei Weibchen, zu „Kinderkrippen" zusammen, während die Altvögel hunderte Kilometer entfernt die Mauser vollziehen. Sie ist für alle Entenvögel gefährlich, da ihre Schwungfedern alle zugleich abfallen. Bis sie in einigen Wochen wieder nachgewachsen sind, können die Vögel nicht fliegen. Um sich ungestört zu mausern, flüchten westeuropäische Halbgänse auf die Sandbänke der deutschen Nordsee, wo sich Schiffe nicht hinwagen. Ab Oktober, wenn die Mauser abgeschlossen ist, kehren die Altvögel wieder an die Küsten zurück. Dort verbringen sie zusammen mit den inzwischen groß gewordenen Jungen den Winter. Der Druck zeigt ein Brandgansmännchen mit seinen Küken.

Die Pfeifente *Anas penelope*

Diese Ente ist in unserem Gebiet ein Wintergast, der im Oktober eintrifft und im März wieder aufbricht und nur ausnahmsweise auch mal zur Brut schreitet. Das Männchen erkennt man an der blaßgelben Stirnpartie, die einen orangebraunen Kopf krönt, und an den Schulterflecken, die beim Flug deutlich zu sehen sind. Sein Ruf ist ein weittragendes, melodisches Pfeifen. Das Weibchen, auf dem Druck links abgebildet, hat nur den kleinen blauen Schnabel als charakteristisches Merkmal.

Pfeifenten ernähren sich von Gras. In Trupps weiden sie auf Salzwiesen, Schlickflächen oder den Pflanzenteppichen der Teiche. Der niedrige Kaloriengehalt ihrer Nahrung zwingt sie, große Mengen zu sich zu nehmen. Sie widmen daher zwölf bis sechzehn Stunden der Nahrungsaufnahme, die folglich zur Tages- sowie Nachtzeit erfolgen muß. Die Art hält sich dort auf, wo sie zu jeder Zeit ungestört fressen kann. Das Gros der überwinternden Pfeifenten versammelt sich an der Küste der Nordsee in Dänemark bis zum Atlantik in Spanien, einschließlich Irland und Großbritannien. Ein zweiter Teil der Pfeifenten verbringt diese Zeit im Mittelmeergebiet, am Schwarzen und dem Kaspischen Meer. Ab Februar ziehen die Enten wieder nach Norden zu ihren Brutgebieten, die sich hauptsächlich in Skandinavien und in Rußland bis weit hinter den Ural erstrecken.

Die Löffelente *Anas clypeata*

Der große, löffelartig verbreiterte Schnabel gibt dieser Art ein einzigartiges Aussehen unter den Enten, und ihren deutschen Namen. Anhand der verschiedenen Perspektiven unserer Abbildung erkennt man die Hornlamellen, die sich wie Zähne eines Kamms am Oberschnabel aneinanderreihen. Sie filtern die Pflanzen- und Tierteilchen heraus, die der Vogel mit dem Wasser einsaugt und verzehrt.

Das weibliche Tier trägt das für Schwimmenten typische braungefleckte Kleid und wäre ohne den Schnabel und dem nur im Flug sichtbaren Blau der Vorderflügel nicht von anderen Enten zu unterscheiden. Beim Männchen ist das Blau greller. Von allen Entenvögeln zeigt das Männchen im Winter und Frühling die auffälligste Färbung. Die sommerliche Mauser, die von Juni bis August dauert, beraubt es eine Zeit lang seines Balzkostüms. Es trägt nun sein *Schlichtkleid*, das dem Gefieder des Weibchens ähnelt.

Löffelenten sind in der ganzen nördlichen Hemisphäre verbreitet. In Deutschland brüten sie regelmäßig, doch in begrenzter Zahl – höchstens tausend Paare – und weit über das Land verstreut. Die 300 Paare in Österreich finden sich vor allem im Burgenland, im schweizerischen Bodenseegebiet sind es 10 bis 20. Flache, stark bewachsene, nicht zu kleine Seen mit hoher Produktion an Plankton sind genau das, was die brütenden Vögel brauchen. Vor Herbstanbruch begeben sich die Familien in die Überwinterungsgebiete, wo Löffelenten von außerhalb Mitteleuropas zu ihnen stoßen. Einige von ihnen stoppen schon in Frankreich, die meisten ziehen allerdings weiter bis zum Senegal und nach Nigeria.

Die Stockente *Anas platyrhynchos*

Im Februar suchen sich die Stockenten in den Sümpfen ein Liebesnest. Aus dem verwelkten Schilf sieht man den Erpel im Prachtkleid hinter dem braungefärbten Weibchen aufsteigen. Die Paare haben sich im Herbst gebildet und in der kalten Jahreszeit nicht getrennt. Sie bleiben bis zur Eiablage zusammen. Dann nimmt das Männchen bis zum nächsten Herbst sein Junggesellendasein wieder auf, während das Weibchen alleine brütet und die acht bis zehn Entenkücken aufzieht.

Wie bei allen Mitgliedern dieser Familie macht der von Juni bis Juli dauernde Wechsel der Flügelfedern die adulten Vögel für fünf oder sechs Wochen flugunfähig. Nur durch Schwimmen oder Tauchen können sie sich dann einer Gefahr entziehen. Um sich ungestört zu mausern, verstecken sich die Stockenten in der dichtesten Sumpfvegetation.

Im Nachbarland Frankreich feiert man am 14. Juli die Erstürmung der Bastille, aber auch die Beseitigung der herrschaftlichen Privilegien, durch die jeder Franzose das Recht zur Jagd erhielt. Zum Gedenken daran wird an diesem Tag die Jagd auf das Wasserwild eröffnet. Viele junge Wasservögel sind zu dieser Zeit noch flugunfähig oder fliegen schlecht. Die erwachsenen Stockenten, vor allem die Weibchen, bei denen die Mauser später einsetzt als bei den männlichen Tieren, können ihre Flügel noch nicht wieder benutzen, was zu einem regelrechten Entenmassaker führt. Damit das Bild dieses Tages nicht getrübt wird, wildert man dort alljährlich eine Million Vögel aus.

Eine Winterszene: Stockenten schwimmen im Wasser gegenüber einem vereisten Ufer.

Die Krickente *Anas crecca*

Der Entwurf zu diesem bezaubernden Druck dürfte von Gould sein, die Zeichnung stammt von Richter. Doch das hinreißende Ergebnis ihrer Zusammenarbeit ist biologisch eine Unmöglichkeit. Krickentenpaare bilden sich wie bei den meisten Entenspezies im Februar und März, wenn die Vögel noch in winterlichen Trupps zusammen leben. Die Bindung zwischen den Partnern ist sehr stark, hält aber nur bis zu dem Augenblick an, in dem das Weibchen zu brüten beginnt. Das Männchen entfernt sich dann und schließt sich zum Mausern mit Geschlechtsgenossen zusammen. Das Weibchen allein führt die Entenküken zum Wasser und überwacht ihr Größerwerden. Auf dem Druck ist das Männchen aus ästethischen Gründen im Hintergrund abgebildet. Die kleinste, kaum taubengroße Ente Europas übertrifft mit ihrem samtenen, strahlenden Gefieder und der schönen Kopfzeichnung jede andere an Eleganz. Ihre glockenhelle Stimme ist ein Genuß für das Ohr. Damit nicht genug rühmen die Jäger ihren rasanten Flug und ihr wohlschmeckendes Fleisch. Die Krickente ist im deutschsprachigen Gebiet noch ein weit verbreiteter Brutvogel. Häufiger tritt sie allerdings im Winter an den Küsten des Wattenmeers auf, wo sich zu dieser Zeit nahezu eine Millionen Tiere aufhalten.

Die Schnatterente *Anas strepera*

Auf dem Wasser zeigt sich das Schnatterentenmännchen in einheitlichem Dunkelgrau mit schwarzem Hinterteil. Im Flug aber hebt sich ein weißer Spiegel auf den ausgebreiteten Flügeln ab. Auch der weibliche Vogel trägt ihn und unterscheidet sich dadurch vom Stockentenweibchen, dem er ansonsten völlig ähnelt. Fast alle Enten tragen solche Flügelmuster. Sie dienen den Tieren aus der Entfernung als Erkennungssignal, so daß ein Schnatterentenmännchen ein fliegendes Weibchen seiner Spezies nicht mit einer Stockente verwechseln kann.

Schnatter- und Stockenten haben dasselbe Habitat und sind oftmals miteinander vergesellschaftet. Die Schnatterente ist allerdings viel weniger verbreitet und in ihrer Nahrung stärker spezialisiert. Als Pflanzenfresser ernährt sie sich in flachen Gewässern von den vegetativen Teilen der Wasserflora. Da diese Lebensräume in Gebieten mit kontinentalem Klima leicht zufrieren, müssen die Vögel sie vor Einbruch des Winters verlassen. Die Region vom Mittelmeerbecken bis hin zum Kaspischen Meer nimmt sie dann auf, zum Beispiel die Camargue. Ab November versammeln sich dort heute je nach Jahr 8.000 bis 16.000 Individuen – drei Mal mehr als in den Sechzigerjahren. Diese Zunahme ist darauf zurückzuführen, daß die Art vermehrt in Westeuropa nistet, wo sie z. B. in Frankreich vor 1920 als Brutvogel nicht vertreten war. Das Schicksal der Populationen ist allerdings von Region zu Region unterschiedlich. Während in Osteuropa große Verluste durch Trockenlegungen von Gewässern und Flussausbaue zu verzeichnen sind, steigen die Bestandszahlen noch für den Neusiedlersee und Süddeutschland.

Die Tafelente *Aythya ferina*

Die binnenländischen Entenarten werden in zwei Gruppen unterteilt. Es gibt die Schwimmenten, mit der Stockente als typischem Vertreter. Sie finden ihre Nahrung, ohne zu tauchen, durch sogenanntes Gründeln. Beim Schwimmen haben sie den Schwanz hochgehoben, und beim Auffliegen springen sie aus dem Wasser. Am hinteren Flügelrand tragen sie eine Zeichnung, die „Spiegel" genannt wird und von Art zu Art variiert. Die zweite Gruppe bilden die Tauchenten. Ihr Körper ist massiver, die Flügel sind kürzer. An den nach hinten versetzten Beinen tragen sie breite Schwimmhäute. Sie liegen tief im Wasser und laufen beim Auffliegen über die Wasseroberfläche. Die Spiegel sind zu weißen, schwarzen oder grauen Bändern verkleinert.

Die Tafelente ist ein typischer Vertreter der Gruppe. Der Druck vermittelt ein richtiges Bild von ihrer kielförmigen Gestalt, gibt aber die Farben des Männchens unvollkommen wieder. Das Braunrot des Kopfes ist in Wirklichkeit intensiver, das Band über dem Schnabel hellblau, die Iris röter.

Die Art kann auf Teichen und Seen bis zu 3 m tief tauchen, um Wasserpflanzen, kleine Schalentiere, Würmer, Insekten und Mollusken zu fressen. Da sie sie hauptsächlich nachts sucht, ortet sie sie nicht mit den Augen, sondern ertastet sie mit ihrer Zunge. Tagsüber schlafen die Tiere in dichten Gruppen auf dem Wasser.

Nach der Stockente ist diese Art der in Mitteleuropa häufigste und verbreitetste Entenvogel. Die Zahl der brütenden Paare beläuft sich auf 100.000 bis 135.000. Sie nisten zum Großteil in den östlichen Landesteilen, so in Sachsen, Mecklenburg-Vorpommern, auch in Bayern und der Osthälfte Österreichs.

Die Reiherente *Aythya fuligula*

Die kleine Tauchente trägt ihren lateinischen Namen *fuligula* – „Rußfarbene Brust" – zurecht, vor allem das Weibchen und die Jungtiere mit ihrem dunkelbraunen Federkleid. Weiße Flanken und ein herabhängender Schopf kennzeichnen das Männchen. Beide Geschlechter zeigen im Flug ein breites, weißes Band auf den Flügeln.

Reiherenten sind sehr gesellig und im Winter häufig auf Süßwassern anzutreffen, die nicht einfrieren. So etwa am Rheinkanal oder dem Boden- und Genfer See. Rund um das Becken, das letzterer bei Genf bildet, sind die Vögel wenig scheu, da sie nicht bejagt werden, und zeigen sich sogar mitten in der Stadt am Ufer. Bei ihren 20 bis 30 Sekunden dauernden Tauchgänge gelangen sie zwei bis drei Meter unter Wasser, wo sie sich von kleinen Weichtieren, anderen Wirbellosen, Pflanzenteilen und Abfällen ernähren. Was ihre Nahrung betrifft, sind sie weniger wählerisch als Tafelenten und können sich daher neuen Gegebenheiten gut anpassen. Das Anlegen von künstlichen Gewässern und Baggerseen dürfte ihre Ansiedlung und Ausbreitung in Mitteleuropa begünstigt haben, wo sie als Brutvögel vor den Fünfzigerjahren zum Beispiel noch nicht in Österreich und der Schweiz vorkamen. Heute findet man im Waldviertel Österreichs zwischen 300 und 350 brütende Weibchen auf etliche Teiche verteilt. Der deutsche Bestand wird auf 23.000 Brutpaare geschätzt, die sogar in Großstädten zur Brut schreiten, wenn nur genügend Wasser zu einem See aufgestaut wird.

Die Trauerente *Melanitta nigra*

Ansammlungen von Trauerenten, die wie schwarze Tupfen auf den plätschernden Wellen tanzen, sind im Winter am norddeutschen und dänischen Küstenstreif ein alltäglicher Anblick. Treibeis als Kulisse ist dagegen weniger vertraut. Vielleicht soll das Bild auf diese Weise die anerkannte Fähigkeit der Vögel illustrieren, kalte Wassertemperaturen zu ertragen. Sie sind Tauchenten und haben sich völlig dem Lebensraum Meer verschrieben. Wenn sie sich nicht gerade fortpflanzen, halten sich die Vögel dort Tag und Nacht bei jedem Wetter auf, ohne jemals an Land zu gehen. In großen Gruppen sieht man sie an der Küste über den Muschelbänken, von denen sie sich bis in zehn Meter Wassertiefe ernähren

Die Brutzeit ist die einzige Phase im Jahr, in der man Trauerenten an Land beobachten kann. Sie brüten an Wasserläufen und Seen auf Island, in Schottland und in der skandinavischen und russischen Tundra. Einige Stunden nach dem Schlüpfen werden die Küken ins Wasser geführt, das sie bis zum zweiten Lebensjahr nicht mehr verlassen.

Von Oktober bis etwa Anfang April halten sich Trauerenten – zu Tausenden – an den Küsten von Nord- und Ostsee auf, oder passieren bei auf dem Zug. Selten verschlägt es einzelne Exemplare bis ins Binnenland an große Seen und Ströme wie die Donau. Viele Vögel verbringen mausernd auch den Sommer an der Westküste Dänemarks und im Kattegat. Wie alle im Meer tauchenden Vögel sind Trauerenten stark von der Umweltverschmutzung betroffen. Kein anderer Entenvogel strandet so häufig wie er mit ölverschmiertem Gefieder an den Küsten.

Das Trio des Drucks besteht nur aus Männchen. Weibliche Tiere haben ein braunes Gefieder mit weißlichen Wangen.

Der Mittelsäger *Mergus serrator*

Säger sind Tauchenten, die in der Art der Kormorane nach Fischen jagen. Sie haben einen schmalen, spitz zulaufenden Schnabel, der auf seiner ganzen Länge mit Sägezähnen und an der Spitze mit einem Haken bewehrt ist. Er ist das perfekte Werkzeug, um einen Fisch zu packen und festzuhalten. Auf dem Druck sind diese Besonderheiten gut am Schnabel des Männchens zu erkennen. Die Küken, die sich in der Nähe des Erpels aufhalten, sind ein weiteres bemerkenswertes Detail. Bei Enten pflegt das Männchen das Weibchen zu verlassen, sobald es zu brüten beginnt, und zeigt sich an der Nachkommenschaft uninteressiert. Säger weichen von diesem Verhalten ab. Bei ihnen bleiben die Männchen oft in der Nähe der brütenden Weibchen und schließen sich ihnen wieder an, wenn die Aufzucht der Jungen beginnt. Gould war hierüber sehr gut informiert.

Der Mittelsäger hat seine Brutgebiete in den borealen Regionen der ganzen nördlichen Hemisphäre. In Europa pflanzt er sich bis hinab zu den Britischen Inseln, Dänemark und Norddeutschland fort. Während sein größerer Verwandter, der Gänsesäger, Süßwasser aufsucht, ist der Mittelsäger im Winter meistens am Meer zu finden. Durchzügler werden hingegen auch von so küstenfernen Orten wie der Donau bei Wien gemeldet. Er ist ein hervorragender Jäger und verfolgt mit halbgeöffneten Flügeln die Fische unter Wasser. Seine Tauchgänge führen ihn dann bis in drei oder vier Meter Tiefe und dauern durchschnittlich dreißig Sekunden, doch kann er bis zu zwei Minuten unter Wasser bleiben. Im Meer allerdings setzt ihn dies der tödlichen Gefahr aus, sein Gefieder durch Öl zu verschmutzen.

Der Haubentaucher *Podiceps cristatus*

Bei Haubentauchern trägt ein Elternteil die Jungen auf dem Rücken und bietet ihnen so Sicherheit. Was sie an Nahrung benötigen, schafft das andere Alttier heran, das von seinen Tauchgängen Insektenlarven, Kaulquappen und Jungfische mitbringt. Um seinen Hunger zu stillen, taucht auch der Kükenträger von Zeit zu Zeit unter, während die Kleinen über ihm auf dem Wasser treiben. In ihrem Streifenkostüm, das bis zum Schnabel reicht, verschwimmen sie mit dem Gekräusel der Wellen und den Schattenlinien der Schilfstauden zu einer Einheit. Wenn sie eine Woche alt sind, zieht jedes Alttier mit der Hälfte der Brut seiner Wege.

Lappentaucher wie der Haubentaucher haben sich so sehr an das Leben im Wasser angepaßt, daß sie sich an Land nicht mehr fortbewegen können. Schuld daran ist die Position ihrer Beine, die, wie auf dem Druck gut zu sehen, ans hintere Ende des Körpers versetzt sind. Zur Zeit Goulds jagte man den Vogel wegen seines dichten, sehr warmen, glänzend weißen Bauchgefieders, das man bei der Herstellung von Muffen, Hüten und anderen Artikeln der Frauenmode als Futter verwandte. Auch Fischer waren hinter den Lappentauchern her. Doch die Mode hat sich geändert, und man schießt nicht mehr auf die Tiere. So ist der Haubentaucher heute viel verbreiteter als am Ende des 19. Jahrhunderts. In Deutschland brüten ca. 32.000 Paare, einige tausend in England, wo man um 1850 nur an die vierzig zählte.

Die Lithographie ist von Henry Constantine Richter. Rechts im Hintergrund sieht man das verlassene, schwimmende Nest mit den Eierschalen.

Der Papageitaucher

Fratercula arctica

Weder Fotografie noch Film könnten uns an einer solchen Szene teilnehmen lassen. Wir werden später sehen warum. Die Komposition ist ungenau. Ihre einzelnen Komponenten aber, die Kulisse der Meeressteilküste mit den Lummen auf den Felsvorsprüngen, die zwei Papageitaucher mit den eigenartigen Formen und Bewegungen, die Karnevalsmaske des adulten Vogels, die Fische im Schnabel, die schmalen, kurzen Flügel und der fliegende Wanderfalke, entsprechen völlig der Wirklichkeit.

Der Papageitaucher ist der berühmteste Meeresvogel im Nachbarland Frankreich. Die Bretagne bildet die südliche Grenze des Fortpflanzungsareals, das sich über den Nordatlantik bis in die arktischen Regionen erstreckt. Im ganzen Verbreitungsgebiet stellt man seit etwa fünfzig Jahren einen Rückgang der Bestände fest. Er hat auch die bretonischen Kolonien erfaßt, die gegenwärtig aus nur 250 Paaren bestehen. Schuld könnte neben Ölverschmutzungen die Erwärmung der Ozeane sein, in deren Folge sich das Nahrungsangebot verändert. Anfang des 19. Jahrhunderts nisteten einige Paare sogar noch auf Wiesen über den roten Sandsteinfelsen Helgolands, vor dessen Küste man heute nur noch selten ein paar Gäste auf dem Meer treiben sieht.

Der Papageitaucher brütet in einer Erdhöhle, die er auf kleinen Meeresinseln in die Grashänge gräbt. Sein Gelege besteht aus einem einzigen Ei. Das Küken, das daraus schlüpft, bleibt bis zum Flüggewerden unter Tage. Die Szene, die uns Gould zeigt, findet also nie unter freiem Himmel statt, sondern immer in der Dunkelheit des Nestes.

Der Baßtölpel

Sula bassana

Mit einer Flügelspannweite von 1,70 m und seinem majestätischen Flug ist er der weiße Großvogel der europäischen Meere. Darüber hinaus gehört er zu jenen Seevögeln, die in diesem Jahrhundert den Nordatlantik erobert haben. Seit 1910 haben sich seine Bestände vervierfacht, die Zahl seiner Kolonien verdreifacht. Der Grund dafür? Man fängt nicht mehr wie in früheren Jahrhunderten die Jungen im Nest, um sie zu verzehren. „Ihr Fleisch ist exquisit", heißt es in einer Abhandlung von 1775 über die Soland- oder Schottlandgans, wie der Baßtölpel damals hieß. Zur Zeit John Goulds kannte man in Europa nur drei oder vier Kolonien, darunter die von Bass Rock in Schottland, nach der die Spezies heute benannt ist.

In Frankreich hat sich der Baßtölpel erst 1939 auf Rouzic niedergelassen, einer der Inseln des Sept-Iles-Archipel (Côtes-d'Armor). Es ist die südlichste Kolonie überhaupt, und die nähste zu Mitteleuropa. 1960 umfaßte die Kolonie 1.600, 1975 4.100 und 1998 14.300 Paare. Ihr Wachstum ist ungebrochen. Diese freiwillige Ansiedlung zählt zu den großen Erfolgen der Ligue de la protection des oiseaux, die bei ihrer Gründung im Jahr 1912 den Sept-Iles-Archipel unter Schutz stellen ließ. Damals ging es um die Bewahrung der Papageitaucher, denn viele der Vögel fielen Jägern zum Opfer. Doch hat die Maßnahme allen Meeresvögeln genutzt, indem sie expandierenden Arten einen Standort bot.

Die Elterntiere trennen sich von den Jungen, sobald diese im Alter von drei Monaten das Nest verlassen und schwimmen können.

Wolf hatte wahrscheinlich ein ausgestopftes Exemplar als Modell. Die Iris des adulten Vogels ist blau, nicht wie auf dem Druck braun.

Der Kormoran

Phalacrocorax carbo

Für die Fischer ist der Vogel mit dem dunklen Gefieder zum roten Tuch geworden. Sie fordern seine Ächtung und haben bereits erreicht, daß man ihn unter bestimmten Bedingungen wieder vernichten darf. Jahrhundertelang war das Töten von Vögeln in ihrem Nest als Kavaliersdelikt gehandhabt worden. Als Rechtfertigung genügte dem Menschen, seine Prinzipien auf die Tierwelt anzuwenden und diejenigen Spezies als „Schädlinge" einzustufen, die auf Kosten seiner Nutztiere lebten.

So geschieht es auch beim Kormoran, diesem angeblich reuelosen Dieb. Sein Einfluss auf die Teichfischzucht gälte inzwischen als nicht mehr hinnehmbar, obwohl die von ihm verursachten Schäden, die bei einigen Züchtern ganz real sind, die Erträge weder auf regionaler noch auf nationaler Ebene zurückgehen ließen.

In vielen Gremien wird seit Jahren nun die Diskussion um den Kormoran und die Teichwirtschaft sowie Flußfischerei geführt. Fakt ist, daß der Kormoran immer noch ein seltener Brutvogel in Deutschland ist, wo nur knappe 7.000 Paare vornehmlich in Mecklenburg-Vorpommern brüten. Einzelne kleine Kolonien gibt es auch in Bayern und Brutversuche in Österreich. Der Großteil der Vögel, der die Gemüter erregt, sind umherschweifende Vögel aus dem Norden Europas.

Seltsamerweise zeigt Goulds Abbildung nicht die atlantische Unterart des Kormorans, sondern die kontinentale mit ihren weißen Zierfedern am Kopf. Diese auch in unserem Gebiet brütende Rasse ist auf den Britischen Inseln nur ein Ausnahmegast.

Die Heringsmöwe *Larus fuscus*

Die Strände, Steilküsten und Inselchen, auf denen sie brüten, sind von ihrem Geschrei erfüllt. Ihr prächtiger Flug ist der Schmuck der Meeresküsten, die sie auf unvergleichliche Weise mit Leben erfüllen. Sie sind keine Seevögel in strengem Sinn wie Sturmschwalben oder Sturmtaucher, die sich der Küste nur zum Brüten nähern, sondern verlieren das Ufer nie aus den Augen. Sie können einem Schiff auf die offene See folgen, um sich an den Küchenabfällen gütlich zu tun, doch ein anderes, unterwegs gekreuztes Schiff führt sie in seinem Kielwasser an die Küste zurück.

Die Heringsmöwe macht da keine Ausnahme. Sie ist wie alle Seemöwen ein Allesfresser und Nimmersatt, der jedoch den Fisch der Trawler den Abfällen der Frachtschiffe vorzieht. Letztere Nahrungsquelle nutzt vor allem die häufigere Silbermöwe, die in großer Zahl auch die Mülldeponien der Küstenstädte bevölkert. Die beiden Arten sind vergesellschaftet und haben sich seit Mitte der 20er Jahre stark ausgebreitet. Zwei Gründe haben dabei zusammengespielt. Einerseits ließ der Druck auf die Brutkolonien nach, in denen weniger Eier und Jungtiere vernichtet wurden, andererseits taten sich durch die Entstehung der Industriefischerei und der Anhäufung von Unrat an den Küsten neue Nahrungsquellen auf. Die deutschen Vorkommen der Heringsmöwe – geschätzte 9.000 Brutpaare – liegen fast alle an der Nordseeküste mit Schwerpunkt auf den vorgelagerten Inseln.

Heringsmöwen bilden oft mit Silbermöwen Kolonien. Die Jungen der beiden Arten sind einander so ähnlich, das man sie nicht voneinander unterscheiden kann. Erst nach drei Jahren legen sie ihr Alterskleid an. Auf dem Druck sieht man einen adulten Vogel und ein Junges im ersten Lebensjahr.

Die Dreizehenmöwe *Rissa tridactyla*

Sie ist unter den See- und Lachmöwen eine Gattung für sich. Ihre Besonderheit besteht darin, ein Hochseevogel zu sein, der außerhalb der Brutzeit nur selten am Ufer erscheint und fern der Küsten auf dem Ozean umherstreift. Wenn sich die Dreizehenmöwe einige Monate im Jahr auf festen Boden begibt, dann immer dem Meer gegenüber an einer hohen Steilküste, wo die kleinen, geselligen Vögel sich in dichten Kolonien niederlassen. Der kleinste Felsvorsprung genügt ihnen, um ihr solides Nest zu bauen. Es besteht aus Erde, Moos und getrockneten Algen, die als Mörtel dienen. Die Jungtiere wachsen zwischen Fels und Abgrund auf. Erst wenn ihr Gefieder voll entwickelt ist, können sie das Nest verlassen. Ein Elternteil hütet sie, während der andere auf dem weiten Meer Fische jagt.

In der Kolonie herrscht ständig Tumult. Die abgehackten Rufe der Möwen vermischen sich mit dem Tosen der Brandung, große Seemöwen marodieren, immer auf der Lauer nach einem ungeschützten Ei oder einem schlecht bewachten Küken. Oftmals brüten Tordalke und Trottellummen in der Nachbarschaft auf den Felsvorsprüngen. Diesen seltenen Anblick kann man in Deutschland nur an Helgolands roten Sandsteinklippen genießen. Der Beobachter gewinnt dort einen ersten Eindruck vom emsigen Treiben, das so typisch ist für die Seevogelkolonien an den Küsten Norwegens, Schottlands oder der Färöer-Inseln. Im Vordergrund befindet sich ein Jungtier. Nackenband, Flügelzeichnung und Schwanz sind schwarz. Die Daumenzehe fehlt ihnen, daher kommt die Bezeichnung Dreizehenmöwe.

Die Lachmöwe *Larus ridibundus*

Wolfs Bild entführt uns in eine Lachmöwenkolonie vier oder fünf Tage nach Schlüpfen der Küken. Besser als jedes Foto veranschaulicht es uns das Treiben in dieser Zeit. Die Fortpflanzung findet hauptsächlich über den großen Teichen statt, gelegentlich auch auf den Flußinseln. Die Nester ruhen auf Binsenbüscheln, manche auf schwimmenden Plattformen. Sie sind dicht nebeneinander gebaut und bilden „Wasserdörfer", in denen rege Aktivität herrscht. Nach drei Wochen Brüten öffnen sich die Eier erstaunlich synchron. Wenige Tage später verlassen die Küken schwimmend das Nest und beginnen, die Umgebung zu erkunden. Es dauert fünf bis sechs Wochen, bis sie voll entwickelt sind.

Seit Beginn des Jahrhunderts erleben die Lachmöwenpopulationen einen gewaltigen Aufschwung. Da die Vögel die neuen Nahrungsquellen, die ihr die Aktivitäten des Menschen bieten, geschickt zu nutzen wissen, haben sich die Bestände vervielfacht und sich ihre Brut- und Überwinterungsgebiete immer weiter ausgedehnt. Mehr und mehr legt die Lachmöwe ihre Scheu ab und läßt sich im Winter mitten in der Stadt nieder, wo sie sich ohne weiteres mit Brot füttern läßt oder die Mülldeponien plündert. Diese Entwicklung war von Gould freilich nicht vorherzusehen. Zu seiner Zeit war die Lachmöwe in Großbritannien eine sehr gefährdete Spezies.

Die Flussseeschwalbe *Sterna hirundo*

Von den sieben in Mitteleuropa brütenden Seeschwalbenarten ist sie am häufigsten und am weitesten verbreitet. Man findet die wichtigsten Kolonien an Nord- und Ostsee, der mecklenburgischen Seenplatte, den Talauen des Rheins und der Elbe, heute selten an den bayerischen Seen und Flüssen, am Bodensee, dem schweizerischen Neuenburgersee, den Innstauseen und dem Seewinkel. Die schrillen Schreie *krih-ärrr... kirri-kirri* bringen für einige Monate die luftige Atmosphäre der Meeresufer ins Binnenland. Flußseeschwalben sind zum Brüten heute oft auf künstliche Nisthilfen angewiesen – ein mit Kieselsteinen bedecktes, vertautes Floß – um ungestört Eier legen und ihre Jungen großziehen zu können, vor Ratten, Badenden, Campern und den Unwägbarkeiten der Frühlingshochwasser geschützt.

Flußseeschwalben sind wie alle Seeschwalben zu ausgedehnten Zügen fähig. Vor Ende des Sommers brechen sie in geschmeidigem, leichtem Flug zur Westküste Afrikas auf. Im Winter sind sie dort bis an die Spitze des Kontinents anzutreffen, wo sie die langen Tage des südlichen Sommers nutzen, um nach Fischen zu jagen. Manche überqueren den Indischen Ozean und erreichen Australien. In Großbritannien beringte Exemplare haben den Beweis dafür erbracht.

Anhand des athmosphärischen Bildes von Gould und Richter, können wir feststellen, daß für die Illustratoren 1865 die naturgetreue Abbildung ihres Gegenstands kein Selbstzweck war, sondern eine realistische Momentaufnahme aus ihrem Lebensfeld geben wollten. Der zeitgenössischen Photographie glückt dies nur selten.

Die Rosenseeschwalbe

Sterna dougallii

Eigentlich müßte sie *Sterna macdougalli* heißen. Denn der schottische Naturforscher und Arzt, nach dem sie benannt ist, hieß Peter Mac Dougall. Er unterschied sie als erster von verwandten Arten, mit denen sie in der Mündung des Clydes brütete. Das war 1812. Peter Mac Dougall starb zwei Jahre später. Doch selbst wenn das „Mac" fehlt, sein Name bleibt in der lateinischen und auch in der französischen Bezeichnung „Sterne de Dougall" der Nachwelt erhalten. Briten und Deutsche dagegen haben ihn vergessen. Sie nennen den Vogel „Rosenseeschwalbe" oder „Roseate Tern", nach dem zarten rosa Schimmer, den er im Prachtkleid auf der Körperunterseite zeigt, allerdings bald nach der Brutzeit wieder verliert. Die Art ist kosmopolitisch und ein Meervogel im strengen Sinn. Sie brütet in Großbritannien, Irland, auf Inseln der Bretagne, den Azoren und an der Atlantikküste Nordamerikas. Auch auf den Inseln des Indischen Ozeans, an den Küsten von China und Australien, auf Indonesien und in Melanesien ist sie anzutreffen. In Europa gehört sie zu den seltensten Meeresvögeln. Ihr Bestand geht dort stark zurück. Der Vogel ist ein Opfer der sich stark ausbreitenden Großmöwen, die seine Brutplätze besetzen. An der Westküste Afrikas, wo die Rosenseeschwalben den Winter verbringen, werden sie zu Hunderten von Kindern mit Köderhaken oder in der Schlinge gefangen.

Auf dem Druck sehen wir zwei Altvögel, die sich beim Balzflug um einen Fisch streiten.

Die Trauerseeschwalbe *Chlidonias niger*

Die Trauerseeschwalbe gehört zur Familie der Großmöwen, Lachmöwen und Seeschwalben. Mit zwei weiteren Arten bildet sie die Gattung *Chlidonias*. Diese kleinen, in Sümpfen beheimateten Vögel zeigen einen geschmeidigen, kapriziösen Flug, bei dem sie über das Wasser streifen, um nach einem Insekt oder Jungfisch zu schnappen. Nur selten tauchen sie dabei. In der Alten Welt sind die drei Arten weit verbreitet. Als einzige kommt die Trauerseeschwalbe auch in Amerika vor. In Deutschland tritt sie meist nur in Mecklenburg-Vorpommern auf. Die verstreuten Vorkommen in Schleswig-Holstein, Niedersachsen, Sachsen-Anhalt und Brandenburg sind Reste einer einst flächendeckenden Verbeitung, die auch große Teile Süddeutschlands umfaßte. Auch die österreichischen Bestände des Neusiedlersees sind seit den 60er Jahren erloschen.

Während die Seeschwalben der Gattung *Sterna* in Gesellschaften auf Inselchen und an Stränden brüten, errichten die Spezies der Gattung *Chlidonias* ihre Kolonien auf Flößen aus verfaulender Wasservegetation. Die Nester werden nicht versteckt, sondern, von Seerosen oder anderen Schwimmpflanzen getragen, sichtbar in stillem Wasser oder auf flüssigem Schlick gebaut. Nach der Brutzeit verlassen die Vögel die Kolonie und ziehen zum Atlantik, von wo aus sie ihre Überwinterungsgebiete im Golf von Guinea erreichen. Auf ihrem Flug dorthin beuten sie zu Zehntausenden, darunter das Gros der europäischen Population, die jungen Sardinenschwärme vor den Küsten Mauretaniens aus.

Der Druck zeigt den seltenen Anblick zweier schwimmender Altvögel. Darüber befindet sich ein Jungtier.

Der Eissturmvogel *Fulmarus glacialis*

Auf den ersten Blick erinnert der Vogel an eine Seemöwe. Der Hakenschnabel mit den röhrenförmigen Nasenflügeln weist ihn jedoch als Sturmvogel aus, eine Familie, deren Vertreter auf dem offenen Meer leben und sich den Küsten nur zur Fortpflanzung nähern. Auch die Flugbewegungen sind ganz anders. Der Eissturmvogel gleitet auf steifen Flügeln unermüdlich dahin, wobei seine schaukelnden Bewegungen dem Auf und Ab der Wellen folgen.

„Kein Vogel ist den Bewohnern der Insel Saint Kilda so nützlich", berichtet John Gould, „er versorgt sie mit Öl für die Lampen, Federn für die Betten, Mahlzeiten für den Mittagstisch, Balsam bei Verletzungen und einem Heilmittel gegen Unwohlsein." Saint Kilda, die mitten in der See gelegene, den Hebriden vorgelagerte Insel, beherbergte in Großbritannien bis 1880 die einzige Kolonie der im hohen Norden beheimateten Spezies. Jahrhundertelang bildete sie die Lebensgrundlage der Bewohner dieses öden Eilands. In späteren Jahren breitete sich die Art stark aus. Sie profitierte von der Entstehung der Schleppnetzfischerei, deren Abfälle die Vögel verwerten, und vermutlich auch von der Erwärmung der Ozeane. Fast alle guten Standorte der britischen Küsten sind von ihnen kolonisiert. Auch in der Bretagne, der Normandie und auf Helgoland siedeln sie seit kurzem.

Der Eissturmvogel tritt in verschiedenen Farbmorphen auf. Der Druck zeigt zwei Altvögel, einen vom hellen, einen vom dunklen Typ. Die Szene auf dem 1870 entstandenen Bild ist in goldenen Dunst getaucht, der die Stimmung von Sommerabenden am Meer evoziert.

BIBLIOGRAPHIE

DANCE P., *The Art of Natural History*, Country Life, London, 1978.

DELAMAIN J., *Les oiseaux s'installent… et s'en vont*, Stock, Paris, 1944.

GÉROUDET P., *La Vie des oiseaux (Les Palmipèdes, Les Passereaux [3 Bände.], Les Rapaces d'Europe, Grands Echassiers Gallinacés Râles d'Europe, Limicoles Gangas et Pigeons d'Europe [2 Bände])*, Delachaux et Niestlé, Neuchâtel und Paris, 1947–1982.

GLUTZ VON BLOTZHEIM, U.N., BAUER, K. und BEZZEL, E., *Handbuch der Vögel Mitteleuropas [14 Bände.]*, Wiesbaden, 1966-1997.

GOULD J., *The Birds of Great Britain*, 5 Bände, 367 Drucke, London, 1862–1873.

HAGEMEIJER E. J. M. und BLAIR M. J. EDITORS, *The E.B.C.C. Atlas of European Breeding Birds: their Distribution and Abundance*, T&AD Poyser, London, 1997.

JACKSON C. E., *Birds Illustrators. Some artists in early lithography*, Whitherby, London, 1975.

LAMBOURNE M., *John Gould – Bird Man*, Osberton Productions Ltd., 1987.

PETERSON R. T., MOUNTFORT G. und HOLLOM P. A. D., *Die Vögel Europas*, Hambourg und Berlin, 1979.

SHARROCK J. T. R. Editor, *The Atlas of Breeding Birds in Britain and Ireland,* 3rd edition. Calton, 1980.

YEATMAN-BERTHELOT D., *Atlas des oiseaux de France en hiver*, Société Ornithologique de France, Paris, 1991.

YEATMAN-BERTHELOT D. und JARRY G., *Nouvel Atlas des oiseaux nicheurs de France*, Société Ornithologique de France, Paris, 1994.

Kein Autor hat mehr für die Kenntnis und den Schutz der Vögel in den französischsprachigen Ländern Europas getan als der Genfer Ornithologe und Schriftsteller Paul Géroudet. Sein Werk Vie des oiseaux, Naturgeschichte der Vögel Europas, *das von 1947 bis 1982 in sieben Bänden erschienen ist, hat drei Generationen von Lesern informiert, geformt und bezaubert. Es ist noch immer das zuverlässigste und schönste Buch, um mit dem Studium der Vogelwelt zu beginnen.*

REGISTER